ARTES, MATEMÁTICA, PENSAMENTO COMPUTACIONAL E AS MÍDIAS

Hermes Renato Hildebrand

José Armando Valente

ARTES, MATEMÁTICA, PENSAMENTO COMPUTACIONAL E AS MÍDIAS

FICHA CATALOGRÁFICA ELABORADA PELO
SISTEMA DE BIBLIOTECAS DA UNICAMP
DIVISÃO DE TRATAMENTO DA INFORMAÇÃO
BIBLIOTECÁRIA: MARIA LÚCIA NERY DUTRA DE CASTRO – CRB-8ª / 1724

H544a Hildebrand, Hermes Renato
Artes, matemática, pensamento computacional e as mídias / Hermes Renato Hildebrand e José Armando Valente. – Campinas, SP : Editora da Unicamp, 2023.

1. Artes. 2. Matemática na arte. 3. Computação. 4. Inteligência artificial. 5. Tecnologia educacional. I. Valente, José Armando. II. Título.

CDD – 700
– 700.105
– 004
– 006.3
– 371.33

ISBN 978-85-268-1619-0

Apoio: Fundo de Apoio ao Ensino, à Pesquisa e à Extensão (Faepex), Solicitação n. 98.908, e Conselho Nacional de Desenvolvimento Científico e Tecnológico (CNPq), Processos 306.320/2015-0 e 310.854/2019-9.

Editora da Unicamp
Rua Sérgio Buarque de Holanda, 421 – 3º andar
Campus Unicamp
CEP 13083-859 – Campinas – SP – Brasil
Tel.: (19) 3521-7718 / 7728
www.editoraunicamp.com.br – vendas@editora.unicamp.br

Agradecimentos

Agradecemos ao Fundo de Apoio ao Ensino, à Pesquisa e à Extensão (Faepex) e ao Conselho Nacional de Desenvolvimento Científico e Tecnológico (CNPq), pelo suporte para a produção deste livro.

Sumário

Sobre o livro e como usá-lo 11

Apresentação - Uma didática do pensamento computacional 17

Introdução 21

A ciência matemática e o processo de abstração 24

A matematização nas ciências e as tecnologias emergentes 29

Saiba mais 31

Atividades a serem desenvolvidas 32

Capítulo 1 - O pensamento computacional, a programação e o *Processing* 35

1.1 A programação e o pensamento computacional 35

1.2 O que é algoritmo 39

1.3 Como resolver um problema 40

1.3.1 1ª etapa - Entender o problema 40

1.3.2 2ª etapa - Elaborar um plano de resolução 41

1.3.3 3ª etapa - Executar o plano 41

1.3.4 4ª etapa - Avaliar o plano 42

1.3.5 5ª etapa - Corrigir o plano (se necessário) 42

1.4 O que é *Processing* 43

1.5 Saiba mais 44

1.6 Atividades a serem desenvolvidas 45

Capítulo 2 - A etnomatemática e suas representações 47

2.1 A etnomatemática 47

2.2 Aspectos relativos à topologia das imagens 48

2.3 Aspectos relativos à produção de imagens 54

2.4 Aspectos relativos à lógica das imagens 58

2.5 Saiba mais 62

2.6 Atividades a serem desenvolvidas 62

Capítulo 3 - A matematização das ciências na contemporaneidade 65

3.1 As representações matemáticas na era materialista industrial ocidental 66

3.2 O ciclo pré-industrial 70

3.3 O ciclo industrial mecânico 73

3.4 O ciclo industrial eletroeletrônico e digital 81

3.5 Saiba mais 93

3.6 Atividades a serem desenvolvidas 93

Capítulo 4 - Conceitos de matemática discreta, a simetria nas artes e o *Processing* 97

4.1 A matemática discreta 97

4.2 O ato de contar 99

4.3 Simetrias nas artes e na matemática 103

4.4 A matemática discreta e os conceitos básicos do *Processing* 127

4.4.1 Palavras e elementos reservados 128

4.4.2 Conceitos de cores 131

4.4.3 Coordenadas cartesianas e desenho de figuras 132

4.5 Saiba mais 140

4.6 Atividades a serem desenvolvidas 141

Capítulo 5 - Os conceitos de matemática sequencial, movimento nas artes, repetição e o *Processing* 145

5.1 A angústia nos faz ver "imagens dialéticas" 145

5.2 Os conceitos de sequência e repetição nas artes 148

5.3 Os conceitos de sequência e repetição na matemática 159
5.4 Os conceitos de sequência e repetição no *Processing* 169
5.4.1 O comando condicional if, else *e* else if 169
5.4.2 O comando condicional for 171
5.4.3 O comando condicional void setup *e* void draw 173
5.5 Saiba mais 175
5.6 Atividades a serem desenvolvidas 176

Capítulo 6 – Os conceitos de funções, probabilidade e topologia na matemática, as redes e o *Processing* 179
6.1 A era das crises 180
6.2 A origem das crises nas artes 183
6.3 Na matemática, a teoria das probabilidades, a lógica e o nascimento da topologia 196
6.4 As redes nas artes e na matemática 209
6.5 Os conceitos de funções, interações e sistemas e o *Processing* 217
6.5.1 Processando imagens 217
6.5.2 Processando textos 220
6.5.3 Processando funções trigonométricas 221
6.5.4 Entrada e saída de dados 223
6.5.5 Processando funções de tempo 226
6.6 Saiba mais 228
6.7 Atividades a serem desenvolvidas 228

Capítulo 7 – O pensamento computacional no ensino e na aprendizagem 231
7.1 Diferentes concepções sobre o pensamento computacional 231
7.2 A espiral de aprendizagem e a programação 236
7.3 Como o pensamento computacional pode ser trabalhado na midialogia 240
7.3.1 Programação 240
7.3.2 Robótica pedagógica 241
7.3.3 Produção de narrativas digitais 242
7.3.4 Criação de games 243
7.3.5 Criação de instalações interativas digitais 244

7.4 Saiba mais 246
7.5 Atividades a serem desenvolvidas 247

Referências 249

Sobre o livro e como usá-lo

Este livro foi desenvolvido para ser usado como suporte na disciplina "Introdução ao pensamento computacional", ministrada no curso de Midialogia, Departamento de Multimeios, Mídia e Comunicação (DMM), do Instituto de Artes (IA) da Universidade Estadual de Campinas (Unicamp). Essa disciplina tem como objetivo observar, compreender e analisar os modelos e padrões de representação dos espaços topológicos matemáticos nos vários momentos históricos de nossa cultura, bem como procurar recriar alguns desses modelos usando as tecnologias digitais e as mídias.

A matemática é a ciência da observação dos padrões da natureza e da cultura. Sua evolução acontece associada às formas e aos meios de comunicação e, consequentemente, ao desenvolvimento das linguagens estabelecidas por esses meios. De fato, pretende-se estudar os eixos de similaridades entre as representações matemáticas e as imagens geradas pelas tecnologias emergentes. Assim, usando uma linguagem de programação, no caso dessa disciplina, a linguagem de programação gráfica de código aberto *Processing*, o aluno pode criar objetos de arte, cuja programação pode ser entendida como a representação formal de conceitos matemáticos para gerar produções artísticas e midiáticas, como desenhos estáticos, animação, processamento de imagem e som, e atividades de robótica.

Portanto, não se trata de um livro sobre artes, nem mesmo sobre matemática ou programação. O intuito é entender como as artes e as matemáticas estão inter-relacionadas, como as artes serviram para representar conceitos matemáticos e como a matemática permitiu avanços nas artes, e, com base nessa compreensão, explorar os recursos das tecnologias digitais e das mídias como novos meios para a criação de padrões de representação da natureza e da cultura.

O fato de o aluno estar desenvolvendo produções computacionais utilizando uma linguagem de programação significa que ele está empregando conceitos fundamentais de algoritmos e das linguagens de programação, bem como a capacidade de documentação e descrição de um programa de computador. Pesquisadores que estudam os usos das tecnologias emergentes vêm observando a maneira como elas têm proporcionado mudanças importantes na economia, nos serviços e nas atividades que realizamos no dia a dia. Isso pode ser constatado na maneira como interagimos socialmente, como acessamos a informação, como procedemos nas transações comerciais. No entanto, elas mudam não só a maneira como executamos essas atividades, mas também a maneira como pensamos e organizamos nosso pensamento, de modo que as ideias possam ser desenvolvidas por meio dos recursos computacionais que essas tecnologias oferecem.

À medida que essas tecnologias digitais e as mídias são incorporadas em nosso dia a dia, elas ampliam as possibilidades de realizarmos as tarefas de maneira mais rápida e eficiente, usando procedimentos que envolvem abstrações, generalizações e manipulação simbólica. Isso tem levado alguns autores a caracterizar esse "novo" modo de pensar com as tecnologias como o "pensamento computacional". Assim, é possível entender que, durante muito tempo, nosso pensamento foi baseado no que podemos chamar de "pensamento matemático", que pode ser observado no desenvolvimento das artes, por exemplo. A questão que queremos explorar com essa disciplina é como produtos relacionados com padrões da natureza e da cultura podem ser desenvolvidos por intermédio das tecnologias digitais e das mídias e como essas produções têm características do pensamento computacional.

O conteúdo programático da disciplina "Introdução ao pensamento computacional" é dividido em duas temáticas:

- A primeira apresenta as ciências, particularmente a matemática e as artes, como formas de conhecimento humano que são organizadas por meio de modelos e imagens. Também mostra as relações existentes entre as representações matemáticas e artísticas por meio das similaridades entre essas duas linguagens. Ao ver a matemática por meio das imagens podemos verificar suas relações com as produções artísticas de cada momento histórico: período pré-industrial, industrial mecânico e industrial eletrônico e digital.
- A segunda trata de programação e processamento de dados e imagens. Nessa temática, elaboramos conceitos básicos da ciência da computação, implementação de algoritmos e aplicação de métodos e modelos lógicos em sistemas computacionais para produções artísticas. Utilizando a linguagem de programação *Processing*, os alunos podem desenvolver produções artísticas e midiáticas, como criação de desenhos estáticos, generativos, animação e processamento de imagem e som, bem como atividades de robótica, integrando os recursos do *Processing* com sensores e atuadores interligados por meio da placa Arduino.

A disciplina é ministrada em dois momentos: o primeiro é teórico e pretende, a partir de modelos conceituais matemáticos e suas imagens, mostrar a matemática como uma linguagem de produção de conhecimento. No segundo momento, é apresentada a linguagem de programação de código aberto *Processing*, com a qual os alunos desenvolvem produtos computacionais e, de forma prática, realizam criações artísticas ou midiáticas utilizando as tecnologias emergentes, relacionadas com aspectos da matemática discreta, da matemática sequencial e da matemática de interação.

O livro está dividido em seis capítulos: na Introdução, são abordados três elementos fundamentais para a disciplina: a ciência matemática e o processo de abstração, a matematização da ciência e as tecnologias emergentes e o pensamento computacional e as mídias; no capítulo 1, "O pensamento computacional, a programação e o *Processing*", são desenvolvidos temas como: uma breve apresentação sobre o pensamento computacional, conceitos de algoritmo e como resolver um problema usando a programação, e o que é o *Processing*; no capítulo 2, "A etnomatemática e suas representações", é discutida a etnomatemática na era materialista industrial ocidental; o capítulo 3 versa sobre "A matematização das ciências na contemporaneidade"; no capítulo 4, "Conceitos de matemática discreta, a simetria nas artes e o *Processing*", são apresentadas as ideias do contar e o uso de conceitos de matemática discreta no desenvolvimento de produtos relacionados com padrões da natureza e da cultura usando *Processing*; no capítulo 5, "Os conceitos de matemática sequencial, movimento nas artes, repetição e o *Processing*", são estudados os conceitos de série e as sequências matemáticas, bem como o uso desses conceitos na elaboração de produtos relacionados com padrões da natureza e da cultura por meio do *Processing*; no capítulo 6, "Os conceitos de funções, probabilidade e topologia na matemática, as redes e o *Processing*", são apresentadas as ideias sobre funções e a interação, assim como o uso dessas ideias no desenvolvimento de produtos relacionados com padrões da natureza e da cultura usando a linguagem de programação *Processing*; e, finalmente, no capítulo 7, "O pensamento computacional no ensino e na aprendizagem", são tratados os fundamentos do pensamento computacional e suas implicações na educação, especialmente nos processos de ensino e de aprendizagem.

A temática teórica busca apresentar a matemática como um conhecimento que pode ser adquirido por qualquer pessoa, bem como desfazer o "mito" de que a matemática é uma ciência de difícil compreensão. Ela é uma linguagem que está relacionada à cognição humana e ao processo de elaboração de conhecimento. Pelos desenhos, imagens, gráficos, diagramas e esquemas é possível verificar que nossa percepção visual é carregada de princípios abstratos, lógicos e matemáticos. Logo, podemos encontrar muitos pontos de similaridades entre a matemática e as outras ciências, especialmente quando observamos que existe muito conhecimento matemático em nossas atividades diárias e, particularmente hoje, quando lidamos com as tecnologias digitais e as mídias. O uso dessas tecnologias na elaboração de programas computacionais permite entender como os conceitos matemáticos podem ser representados de modo formal, por meio de comandos da linguagem de programação, criando objetos estéticos com características semelhantes às do que foi produzido nas artes em seus diferentes períodos. Por conseguinte, o desenvolvimento da disciplina mescla aspectos teóricos do ponto de vista das artes e das matemáticas no desenvolvimento de atividades práticas de programação, utilizando recursos computacionais do *Processing*.

Nesse sentido, o livro não deve ser utilizado de modo sequencial, um capítulo após o outro, mas mesclando aspectos teóricos e de programação, cujos conceitos devem ser construídos mergulhando em diferentes capítulos do livro.

Os autores

APRESENTAÇÃO
UMA DIDÁTICA DO PENSAMENTO COMPUTACIONAL

Lucia Santaella

Este livro de Hermes Renato Hildebrand e José Armando Valente possui dois grandes méritos: em primeiro lugar, traz em linguagem clara e precisa a presença da matemática na arte e na cultura por meio do pensamento computacional midiatizado. Como se isso não bastasse, trata-se de um livro paradidático. Uma contribuição de enorme relevância como guia para o exercício de atividades pedagógicas bem fundamentadas e direcionadas.

As ciências matemáticas puras ou aplicadas estão hoje onipresentes em todas as esferas das atividades humanas, sem que sejam imediatamente visíveis. De fato, operam nas camadas invisíveis que, embora escapem da nossa percepção, agem no silêncio das abstrações.

Mas o que é, afinal, a matemática? Recorro a Charles Sanders Peirce, que, embora mais conhecido em nosso meio como criador da moderna semiótica, uma semiótica de base filosófica que exige paciência e esforço para ser compreendida, é também um grande filósofo da ciência. Desenvolveu uma classificação não estática das ciências, evidenciando suas inter-relações. Fiquemos na matemática e nas suas interinfluências. Embora valorizasse as ciências aplicadas, inclusive as matemáticas aplicadas, Peirce priorizava as ciências da descoberta, que tinham na matemática pura a sua grande matriz.

Seu livro *Elements of Mathematics* está recheado de passagens sobre a especificidade do estatuto científico da matemática. Em primeiro lugar, Peirce dizia que é necessário compreender a natureza geral da matemática e seu raciocínio. A matemática, falando de forma ampla, é historicamente a mais antiga das ciências. Se uma coleção de prescrições médicas absurdas não for contada como ciência, o primeiro tratado científico que chegou até nós é de matemática. Pitágoras foi um verdadeiro matemático. A astronomia tornou-se científica muito cedo, mas usou matemática desde o princípio. Todas as outras ciências, sem exceção, dependem dos princípios da matemática; mas a matemática não lhes empresta nada além de sugestões, pois ela é a única ciência que nada afirma como fato. Não faz nada além de formular hipóteses e deduzir suas consequências.

A mais abstrata de todas as ciências é a matemática. É mais abstrata do que a metafísica ou mesmo do que a lógica. Por isso, interfere em todas as outras ciências, sem exceção. Não há ciência alguma à qual não esteja associada uma aplicação da matemática. O contrário não é verdadeiro, uma vez que à matemática pura não se associa a aplicação de qualquer outra ciência, na medida em que todas as demais ciências estão limitadas a descobrir o que é positivamente verdadeiro, seja como um fato individual, como uma classe ou como uma lei, enquanto a matemática pura não tem interesse em saber se uma proposição é existencialmente verdadeira ou não. Em particular, a matemática tem uma intimidade tão estreita com uma das classes da filosofia, isto é, com a lógica, que pouca perspicácia é necessária para encontrar a articulação entre elas.

A rigor, a matemática pura é a única ciência inteiramente dedutiva. As ciências empíricas, que são ciências especiais, embora façam uso de raciocínios dedutivos, têm na indução o fator preponderante. A radicalidade de Peirce não para aí, pois é fácil inferir de suas afirmações uma espécie de adivinhação do futuro. Antes de Turing e antes de Von Neumann, antes que o computador passasse a ocupar o papel onipresente que hoje ocupa, Peirce já indicava que todas as ciências iriam caminhar para a matemática. Como duvidar disso, sob o império da Inteligência Artificial, quando até mesmo as humanidades estão se transmutando em humanidades digitais? É nesse ponto que se cobre de relevância um manual de uso educacional capaz de sinalizar o que é e como age o pensamento computacional.

Na verdade, trata-se de uma didática do pensamento computacional que explora suas múltiplas facetas: as relações entre programação e algoritmo, etnomatemática e o variegado universo das imagens, sem esquecer da matematização das ciências, evidente no mundo em que vivemos, e do que há de matemática nas artes, bem como dos conceitos matemáticos fundamentais, para culminar na presença do pensamento computacional no ensino e na aprendizagem. Portanto, um livro didático que, para fazer jus ao que se propõe, flui como um rio para desembocar na educação. É justamente aí que se situa o segundo grande mérito desta obra.

São muitas as críticas às falhas do sistema educacional neste país tão extenso que, por isso mesmo, acumula dificuldades pedagógicas de várias ordens. Contudo, o que fazer para ir além da crítica que, embora funcione como diagnóstico, fica à espera de ações efetivas e eficazes?

Um caminho, entre outros válidos e possíveis, é apontado neste livro. Livros paradidáticos funcionam como modelos e, conforme está implícito na ideia de modelo, não foram feitos para ser meramente copiados, devendo funcionar como fontes de inspiração e readaptações contextuais, ou seja, adaptações que levem em conta o contexto específico em que são postos em prática. Essa é uma maneira de colaborar para a formação de professores mais jovens, isto é, daqueles que recebem, da transmissão dos mais experientes, algumas sinalizações iluminadoras para trilhar o seu caminho tomando como base experiências já realizadas e avaliadas. Esse parece ser um dos princípios mais valiosos da educação.

Portanto, para todos aqueles que estão interessados nas várias modalidades das matemáticas aplicadas nas mais diversas áreas, este livro oferece uma grande contribuição, em especial aos que buscam inspirações no seu ofício de explorar as bases e ressonâncias culturais e educacionais do pensamento computacional.

Introdução

A matemática e as artes são conhecimentos complexos e, obviamente, estão relacionadas entre si. A matemática sempre foi conhecida como a ciência dos números; das representações do espaço e do tempo; dos fundamentos metodológicos para as ciências; dos padrões de representação de entidades aritméticas, algébricas, geométricas, lógicas e topológicas. Hoje, podemos dizer que ela é uma ciência que estuda os modelos e padrões abstratos das representações humanas da natureza e da cultura.

Por sua vez, as artes relacionam-se às atividades humanas por meio de suas características estéticas. O conceito de objeto artístico sempre considerou o que é o "belo" e o que é o "admirável". Conforme a Teoria Semiótica de Charles Sanders Peirce, a estética é uma ciência abstrata que fornece princípios para as ciências menos abstratas: a ética e a lógica. As três constituem as "ciências normativas", que, segundo o filósofo e lógico, são aquelas voltadas "para a compreensão dos fins, das normas, e ideais que regem o sentimento, a conduta e o pensamento humano".[1] Os conceitos artísticos e estéticos sofreram várias modificações na história da humanidade e se apresentam em uma grande variedade de padrões. Para melhor compreender a evolução histórica desses conceitos, é necessário dizer que a estética, assim como as outras duas ciências, deve ser observada pelos paradigmas de seu tempo, sendo as três fruto de relações culturais, sociais, econômicas e políticas.

Por fim, incluiremos nesta análise as mídias. Aqui, elas serão definidas como interfaces que utilizamos para apresentar os signos. O processo de elaboração de conhecimento estrutura-se por intermédio das linguagens e apresenta-se por meio das mídias, que, por si sós, não geram significados, mas determinam limites e características dos signos que produziremos com elas.

Assim, artes, matemática e mídias definem princípios sintáticos, semânticos, linguagens e paradigmas que se relacionam entre si e com todas as formas de elaboração de conhecimento, em cada momento histórico. De fato, a primeira similaridade que identificamos entre elas é que se estruturam por meio das linguagens, que, por sua vez, se organizam mediante os signos que representam objetos da natureza e da cultura. As artes e a matemática são linguagens que precisam dos meios para se estruturarem. Portanto, é impossível considerar as mídias separadas dos conteúdos que geram, e, assim, nosso foco neste texto é observar as artes e a matemática por meio das mídias.

Com as tecnologias digitais, podemos representar nossas ideias. No entanto, hoje elas possuem características diferentes das que tinham antes, ou seja, uma vez criado um programa computacional, cujas ideias são expressas no âmbito de comandos da linguagem de programação, como o *Processing*, ele pode ser executado pela máquina e produzir resultados com base nos quais é possível refletir sobre eles e verificar se as ideias produzem ou não o que era esperado. A representação de um conhecimento por meio da linguagem matemática pode ser identificada pela autorreflexão do autor ou por meio de outra pessoa. Em ambos os casos, a possibilidade de subjetivação pode não ser eficiente e não oferecer os dados importantes para a depuração das ideias originais.

A linguagem matemática, que é o meio de representação do pensamento matemático, até recentemente vinha sendo elaborada apenas para as tecnologias do lápis e do papel. A notação matemática – principalmente as expressões algébricas, como as equações de primeiro e segundo graus e/ou o cálculo diferencial e integral, incrementados como parte da "revolução científica" – produziu signos e se desenvolveu no final dos séculos XVI e XVII. Por exemplo, o cálculo diferencial e integral foi criado em 1684 por Leibniz e denominado por Newton *the science of fluxions* (a ciência das fluxões). Ironicamente, eles usaram uma notação estática, sequencial, basicamente por meio de lápis e papel, para descrever os fluxos e as mudanças.

Duas observações são pertinentes nesse sentido. A primeira é o "fazer matemático" que Leibniz e Newton realizaram e que consiste em observar os fenômenos, compreendê-los, construir uma representação mental para eles (conhecimento matemático) e explicitar ou descrever esse conhecimento por intermédio de uma notação, que, nesse caso, são as equações integrais e diferenciais. A segunda é o fato de essas equações descreverem fenômenos, o que não implica uma reprodução destes. Assim, olhando para essas equações, os matemáticos, depois de muitas experiências, conseguem "visualizar" o fenômeno em si, porém as equações e seu processo de resolução não constituem nem reproduzem o fenômeno propriamente dito.

Essas observações têm sérias implicações no uso da matemática. Primeira, a ênfase está no domínio da notação e, portanto, no ensino da técnica de resolução da equação, e não na compreensão do fenômeno e em sua descrição por intermédio da equação matemática. O argumento normalmente utilizado é o de que, para ser capaz de descrever as ideias matemáticas, é necessário ter o domínio da notação matemática. O matemático Leonhard Euler (1707-1783) afirma que a notação matemática é uma ferramenta muito importante para o desenvolvimento dessa ciência. Assim, o aluno adquire técnicas de como resolver uma equação do primeiro ou do segundo graus, mas nunca identifica o processo de "fazer matemática", ou seja, de pensar sobre um problema, cuja solução pode ser expressa através de uma equação matemática. A segunda implicação é o fato de a visualização do fenômeno não ser facilmente obtida a partir das equações, o que torna o "fazer matemática" uma atividade muito abstrata – para o aprendiz iniciante, o desenrolar do fenômeno está muito distante de sua descrição feita por intermédio das equações.

A CIÊNCIA MATEMÁTICA E O PROCESSO DE ABSTRAÇÃO

Historicamente, os interesses apresentados pela matemática nunca foram os mesmos. Na Babilônia, em 2100 a.C., os matemáticos estudavam os números e as relações de ordem, grandeza e medida dos elementos da natureza, bem como aritmética, álgebra, geometria, técnicas para medir, contar e calcular tudo o que era possível quantificar; observavam o tempo pela quantidade de chuva que provocava enchentes no rio Nilo. Na análise desse momento, nosso olhar sobre os signos matemáticos não se dá a partir de suas características abstratas, mas sim das relações discretas que eles produziam através dos números e das representações espaciais e temporais que serviam para quantificar as coisas ao redor.

Um dos primeiros pensadores que refletiram sobre os modelos de representação matemático e geométrico de forma sistêmica foi Euclides. Em 300 a.C., ele publicou 13 livros que constituíram o tratado intitulado *Os elementos*, abordando conceitos, axiomas, teoremas e demonstrações matemáticas que, de modo consistente, formulavam o que hoje conhecemos como a geometria euclidiana. Os textos de Euclides baseavam-se nos axiomas de ponto, reta, plano, ângulos e ângulo reto. Esse último axioma conduzia ao conceito de retas paralelas. Assim, as figuras planas, os sólidos, a teoria dos números e das proporções, com várias proposições matemáticas que – hoje sabemos – organizam a geometria euclidiana, eram estudados, e as representações numéricas e espaciais definiam um conjunto de elementos matemáticos que se estruturavam pelo método axiomático.

Nascia, assim, um dos primeiros modelos abstratos de representação da linguagem matemática; em sua gênese, esse modelo observava os fenômenos reais do mundo, mas, logo em seguida, excluiu a possibilidade de relação desses elementos com qualquer tipo de experiência da realidade.

Tal modelo deu origem à geometria de Euclides, que até hoje define conhecimentos importantes nas representações espaciais. Para Edgerton,[2] são três as condições das quais a Europa dispunha, a partir do século XII, para realizar a gênese da ciência moderna. A primeira, de caráter religioso, trouxe consigo o conceito ético de "lei natural", em que o modelo é fixado *a priori*, por padrões morais estabelecidos por um "Deus" único. A segunda, de viés político, traduziu-se na rivalidade entre os Estados-cidades e em uma economia baseada no sistema capitalista mercantilista burguês. A terceira, de natureza lógica e matemática, tratou do sistema geométrico euclidiano, que permitiu, tanto aos artistas quanto aos cientistas, construir seus modelos de representação do mundo, por intermédio de uma ordem "natural", finita, mecânica, possível de ser demonstrada através de deduções lógicas matemáticas.[3]

Esse momento histórico foi marcado por valores materiais e de racionalidade e por registros deixados pelos pensadores da época. Eles consagraram o caráter histórico da civilização e os valores materiais apoiados na materialidade e na razão, que – apesar de unirem duas vertentes de pensamento, a grega e a medieval – também estabeleceram características individuais como momento histórico. Esses dois fundamentos, formadores do pensamento renascentista, permanecem vivos até os dias de hoje e, de forma sintética, modelam o homem da Modernidade.

No capítulo "Geometria, arte renascentista e a cultura ocidental", da referida obra de Edgerton, encontramos diretrizes que nos levam a compreender esse ciclo em sua totalidade. No século XVII, para os filósofos naturalistas Kepler, Galileu, Descartes, Francis Bacon e Newton, a geometria euclidiana, também conhecida como "geometria perspectiva", estabelecia conceitos óticos, baseada no processo fisiológico da percepção visual humana. Dessa forma, rompiam-se os princípios medievais de uma "geometria divina" que, por princípio, permitiria representar, por meio das artes, a essência da realidade, o que faria com que, ao visualizarmos uma produção artística, estivéssemos revivendo o momento divino da criação do universo.

Até hoje, esse método ainda possibilita representar as coisas ao nosso redor e traduzir, em medidas e proporções, os objetos e os homens. De fato, ele não só representa nossa percepção do presente, como se torna uma ferramenta para reproduzir o futuro, simulando-o, viabilizando o planejamento das "coisas". A ciência moderna deve muito à geometria estruturada por Euclides, a tal ponto que Albert Einstein, em defesa de sua teoria da relatividade e baseado nas geometrias não euclidianas, chamou a geometria euclidiana de uma das maiores realizações de todos os tempos.[4]

Hoje, baseados no modelo renascentista, podemos afirmar que a matemática se desenvolve no interior do pensamento humano como um modelo mental. Ela nasce apoiada em signos criados pela razão humana, sendo, assim, a ciência que extrai conclusões lógicas de conjuntos com regras preestabelecidas, não dando importância às relações desses signos com seus objetos e com os fatos naturais do mundo, apesar de estar intimamente relacionada com os fenômenos de sua mesma natureza.

Além de ser reconhecida como a linguagem dos números, a matemática auxilia nas reflexões sobre a cognição humana e o processo de criação e de elaboração do conhecimento. Ela possibilita construir modelos baseados na percepção dos fenômenos e que se apresentam através de representações lógicas e gráficas, quando estas são visualizadas por imagens, gráficos, esquemas e diagramas, permitindo observar as estruturas lógicas desses modelos.

Pitágoras e seus seguidores afirmavam que devemos construir estruturas lógicas e matemáticas para explicar os fenômenos que observamos no mundo. Por sua vez, o filósofo, lógico e matemático Peirce, em suas reflexões sobre a "Consciência da razão", asseverava que

> [...] as expressões abstratas e as imagens são relativas ao tratamento matemático. Não há nenhum outro objeto que elas representem. As imagens são criações da inteligência humana conforme algum propósito, e um propósito geral só pode ser pensado como abstrato ou em cláusulas gerais. E assim, de algum modo, as imagens representam ou traduzem uma linguagem abstrata, enquanto, por outro lado, as expressões são representações das formas. A maioria dos matemáticos considera que suas questões são relativas aos assuntos fora da experiência humana. Eles reconhecem os signos matemáticos como sendo relacionados com o mundo do imaginário, assim, naturalmente, fora do universo experimental. [...] Toda imagem é considerada como sendo a respeito de algo, não como uma definição de um objeto individual desse universo, mas apenas um objeto individual; desse modo, verdadeiramente, qualquer um é de uma classe ou de outra.[5]

A ênfase das reflexões de Peirce está na imagem mental, na imagem que permite estabelecer formas possuidoras de aspectos diagramáticos e que se definem nas expressões matemáticas, cujo enfoque está na relação entre os elementos que as estruturam. A matemática traz em si uma perspectiva de percepção que sempre esteve presente nos modelos e nas formas de produzir conhecimento dos seres humanos: nós sempre utilizamos os signos visuais para representar os pensamentos.[6]

Quando observamos esses conceitos, verificamos que a matemática possui uma abordagem altamente complexa e, dada sua íntima relação com a lógica, podemos afirmar, assim como Peirce, que ambas são ciências de mesma natureza e determinam as formas de organização do conhecimento humano, sem questionar de onde ele vem.

Por princípio, a matemática é uma ciência que nada tem a ver com qualquer fato real, a não ser com fatos abstratos que extrai de si própria. Logo, confirmando nossa hipótese inicial a respeito do pensamento humano e matemático e baseados na filosofia semiótica de Peirce, encontramos nas palavras de Santaella uma resposta para essa formulação. Para ela e para esse pensador americano,

> [...] é verdade que as ideias, elas mesmas, podem ser sugeridas por circunstâncias muito especiais; mas a matemática não se importa com isso. Ela é, assim, como a contemplação de um objeto belo, exceto que o poeta o contempla sem fazer perguntas, enquanto o matemático pergunta quais são as relações das partes de suas ideias umas com as outras.[7]

A principal atividade da matemática é descobrir as relações internas dos sistemas, sem identificar a que tipo de objetos ela faz referência. Por essa razão, os pesquisadores sempre estiveram preocupados com todos os tipos de representações que comportam a matemática, em particular as relações entre os signos no interior de sua própria estrutura, atentando-se para os estímulos visuais e mentais recebidos. As imagens são representações dos modelos que concebemos mentalmente, isto é, são signos visuais que exteriorizam o comportamento de nossas ideias abstratas, portanto são "signos visuais" que realizam nossas "imagens mentais".

Nesta reflexão sobre "as artes, a matemática e as mídias", damos ênfase aos aspectos visuais e diagramáticos das imagens e das expressões matemáticas, cujos enfoques estão nas relações entre os diversos elementos que as estruturam. A matemática é um sistema de signos, cuja gramática sempre fundamentou o discurso racionalista tecnológico e científico da cultura ocidental. O matemático Rotman[8] afirma que as normas, diretrizes e leis desse discurso sempre estiveram profundamente marcadas pelos princípios e estruturas matemáticas em um nível simbólico e linguístico, e também em um nível diagramático, conforme aduz Peirce.[9]

De fato, nossa escolha recai sobre os valores da cultura ocidental porque é dela que emanam nossas crenças e percepções do mundo. Podemos evoluir em nosso raciocínio tentando compreender outras culturas, mas, obviamente, nunca deixaremos de ver esse objeto de estudo com base no paradigma de percepção ocidental.

A MATEMATIZAÇÃO NAS CIÊNCIAS E AS TECNOLOGIAS EMERGENTES[10]

Neste texto, pretendemos apresentar os pontos de similaridades entre os signos artísticos e matemáticos através das mídias e de suas linguagens, dando ênfase às questões lógicas da visualidade no contexto contemporâneo, e, de fato, contribuir para atingir outros níveis de complexidade com as análises que realizaremos.

As imagens computacionais são construídas e, em seguida, destruídas para dar lugar a uma outra imagem que as substituirá. Para nossa percepção, são "imagens em processo" ou "imagens virtuais" geradas a partir de modelos lógicos definidos por meio das linguagens estabelecidas para cada tipo de mídia.

As "imagens matemáticas"[11] são concepções visuais em processo que adquirem valores diferenciados quando são compreendidas relacionadas às linguagens que as geram. Observar esses aspectos associados às tecnologias contemporâneas levou-nos a conectar três realidades aparentemente distintas: a visualidade das imagens, que, por meio do processo criativo, expõem características diagramáticas; a questão operacional da linguagem matemática quando operamos com ela; e, por fim, os aspectos mentais e simbólicos produzidos com os signos necessários à realização desse tipo de conhecimento.

Assim, com este estudo, pretendemos observar a linguagem matemática por intermédio dos signos que geram, por seus aspectos sintáticos dados pelas formas, por seus aspectos semânticos descritos, narrados e dissertados pela linguagem matemática, e pelos aspectos paradigmáticos que constroem o pensamento matemático em suas particularidades definidas em cada momento histórico. De fato, iniciaremos nossas reflexões a partir de um modelo que permite observar as imagens produzidas pela matemática, aumentando os níveis de complexidade do raciocínio sobre as imagens originadas por ela. Esta análise será realizada considerando um contexto tecnológico e associado às produções artísticas e midiáticas contemporâneas. Resumidamente, nosso objetivo é proceder a uma abordagem dos signos artísticos e matemáticos por meio das mídias, dando ênfase às questões lógicas da visualidade que se destacam no contexto contemporâneo mediante o pensamento computacional.

Para Nöth e Santaella, fundamentados nos pensamentos de Charles Sanders Peirce, todas as ciências caminham para

> [...] aumentar gradualmente seu nível de abstração até se saturarem na matemática, quer dizer, a tendência de todas as ciências é se tornarem ciências matemáticas. O conglomerado de ciências, que hoje recebe o nome de ciência cognitiva, parece estar no caminho de comprovar essa sugestão.[12]

As tecnologias emergentes, como as digitais e as mídias, possuem recursos que auxiliam na descrição e na representação dos fenômenos e, assim, facilitam o processo de "fazer matemática". Por exemplo, comandos de linguagens de programação podem ser usados para criar programas que descrevem determinado fenômeno. O programa pode ser visto como uma descrição formal do fenômeno, assim como uma equação matemática. No entanto, como descrição, o programa tem uma característica importante que contribui para que ele seja mais interessante do que as equações: ele pode ser executado pelo computador, simulando o fenômeno.

Por exemplo, o programa que descreve o choque de dois objetos, quando executado, deve mostrar na tela o choque ou não desses objetos. Essa reprodução pode ser confrontada com o fenômeno em si, levando o aprendiz a rever seus conceitos, alterar o programa e, assim, aprimorar a representação e a compreensão do fenômeno. Além disso, o domínio da linguagem (notação) e seu uso para a descrição de ideias acontecem simultaneamente. Para aprender sobre um comando, o aluno deve utilizá-lo, o que produz resultados que lhe permitem não só entender o funcionamento do comando, como indicar o que pode ser feito com ele em matéria de descrição de fenômenos.

A atividade de programação acontece de forma simultânea na aprendizagem dos comandos da linguagem e na resolução dos problemas. Nesse sentido, este livro e as atividades a serem executadas foram organizados de modo que a aprendizagem se dê também em relação às concepções sobre as artes e a matemática. Aqui, o conhecimento é adquirido em um instante único em que ocorrem a aprendizagem dos comandos e as concepções da programação com o *Processing*.

O curso de Midialogia explora atividades como robótica, produção de narrativas digitais, criação de *games* e uso de simulações em diferentes contextos. Elas estão baseadas em concepções computacionais de resolução de problemas e do pensamento abstrato e lógico. Nesse sentido, a disciplina "Introdução ao pensamento computacional" procura explicitar a importância da produção de padrões da cultura e da natureza por intermédio da programação. É importante que o aluno tenha consciência de que – através da construção do conhecimento com base na realização de ações concretas que geram produtos computacionais e práticas com conceitos da ciência da computação – pode desenvolver o pensamento computacional e outros conhecimentos e habilidades, considerados fundamentais à atuação na sociedade do século XXI, independentemente da área de estudo ou ocupação que vai escolher.

Saiba mais

O livro de Devlin deu origem ao planejamento e à concepção da disciplina. Assim, ele teve um papel fundamental no desenvolvimento do conteúdo e dos trabalhos realizados:

DEVLIN, Keith. *Matemática: ciência dos padrões*. Porto, Porto Editora, 2002.

A tese de Hildebrand constitui a base do material que está sendo apresentado neste livro, e a parte das mídias e do pensamento computacional foi acrescentada na medida em que a disciplina evoluiu:

HILDEBRAND, Hermes Renato. *As imagens matemáticas: a semiótica dos espaços topológicos matemáticos e suas representações no contexto tecnológico.* Tese de doutorado em Semiótica. São Paulo, PUC-SP, 2001.

O *blog* de Álvaro Machado Dias apresenta uma importante reflexão e exemplo de como a arte e a tecnologia estão mudando não só a maneira de fazer arte, mas o modo como os museus estão sendo pensados:

DIAS, Álvaro Machado. *O papel da tecnologia na arte contemporânea*, 2019. Disponível em <http://visoesdofuturo.blogosfera.uol.com.br/2019/06/03/o-papel-da-tecnologia-na-arte-contemporanea>. Acesso em 3/6/2019.

Atividades a serem desenvolvidas

Atividade 1: Ler o livro: SANTAELLA, Lucia. *Por que as comunicações e as artes estão convergindo?* São Paulo, Paulus, 2005.

Com base nessa leitura, procurar responder à questão: "Por que é possível pensar na convergência das artes, da matemática e das mídias, como está sendo proposto neste livro?". Justificar seus argumentos.

Atividade 2: *Sites* de sociedades de matemática apresentam diversos materiais de apoio sobre conceitos de matemática e a relação entre matemática e arte. Assim, navegar nesses *sites* e identificar aspectos interessantes dos conteúdos de matemática e artes. O *site* da Sociedade Brasileira de Educação Matemática, em >*materiais*, dispõe de matérias de apoio tanto para o aluno quanto para o professor. Disponível em <www.sbembrasil.org.br/sbembrasil/index.php/materiais>. Acesso em 20/4/2019.

O *site* da Só Matemática, em >*Entretenimento*, dispõe de jogos, curiosidades, poemas etc. que podem ampliar a noção de como a matemática está relacionada com outras áreas, além das artes. Disponível em <www.somatematica.com.br>. Acesso em 20/4/2019.

O *site* do Instituto de Matemática Pura e Aplicada (Impa) dispõe de uma página de notícias sobre "Quando as equações matemáticas se tornam arte". Disponível em <https://impa.br/noticias/quando-as-equacoes-matematicas-se-tornam-arte/>. Acesso em 20/4/2019.

Atividade 3: Stephen Wolfram é o criador do Mathematica, do Wolfram|Alpha e da Wolfram Language; autor do livro *A New kind of science*; e fundador e *CEO* da Wolfram Research. Em seu *blog*, ele desenvolve uma interessante aplicação da Wolfram Language na área de arte, especialmente na transformação de objetos 3D. Navegar pelo *blog* e entender o produto dessas transformações.

WOLFRAM, Stephen. *The story of Spikey*, 2018. Disponível em <blog.stephenwolfram.com/2018/12/the-story-of-spikey>. Acesso em 20/4/2019.

Notas

[1] Santaella, 1993, p 113.
[2] Edgerton, 1991.
[3] *Idem*, p. 12.
[4] *Idem, ibidem.*
[5] Peirce, 1976, p. 213.
[6] Hildebrand, 2001.
[7] Santaella, 1993, p. 158.
[8] Rotman, 1988.
[9] Peirce, 1983, p. 42.
[10] As tecnologias emergentes são aquelas que aparecem com os meios de comunicação e informação na contemporaneidade. A curto prazo, considera-se tecnologia emergente aquela que é utilizada para produção e distribuição de conteúdo nos ambientes colaborativos, participativos e sociais e que usam mídias atuais; a médio prazo, são as que trabalham com os conteúdos abertos e dispositivos móveis; e, a longo prazo, são os sistemas que lidam com o conceito

de inteligência artificial, nanotecnologia, biotecnologia, ciência cognitiva e robótica.

[11] Hildebrand, 2001.

[12] Nöth & Santaella, 1998, p. 90.

CAPÍTULO 1
O PENSAMENTO COMPUTACIONAL, A PROGRAMAÇÃO E O *PROCESSING*

O desenvolvimento do pensamento computacional tem uma estreita relação com a atividade de programação, que, por sua vez, torna possível a produção dos *games*, das narrativas digitais, dos robôs e das instalações artísticas usando sensores e atuadores digitais. Neste capítulo, pretendemos discutir os aspectos básicos tanto do pensamento computacional quanto da atividade de programação e da linguagem de programação da plataforma *Processing*.[1]

1.1 A PROGRAMAÇÃO E O PENSAMENTO COMPUTACIONAL

A programação, como está sendo abordada na disciplina, pode ser pensada como um recurso para entender conceitos complexos e mais abstratos de matemática. Por exemplo, um programa usando o *Processing* para desenhar figuras simples pode servir para introduzir conceitos como medida, ângulo, função etc. Utilizando o código da linguagem do *Processing* e a noção de argumento, podemos construir três figuras do tipo quadrado de lado 10, 20 e 50. No caso, o programa é denominado quadrado e o argumento é x, como mostrado na Figura 1.

Figura 1 – Programa quadrado usando argumento para alterar o tamanho do lado. Fonte: Os autores.

Assim, o comando em linguagem do *Processing* fica: rect(0, 0, x, x), onde x assume os valores 10, 20 e 50. De outra forma, para cada valor atribuído ao argumento x é desenhado um quadrado de tamanho correspondente. Assim, *quadrado 10* desenha um quadrado cujos lados têm tamanho 10. Logo, o programa *quadrado* pode ser visto como uma função matemática que mapeia todos os números inteiros em quadrados de tamanho correspondente. O conceito de função matemática pode ser representado de modo bastante prático e concreto, facilitando sua compreensão.

O *Processing* é uma linguagem de programação de código aberto e ambiente de desenvolvimento integrado (*Integrated Development Environment* - IDE), criada no Massachusetts Institute of Technology (MIT) para que artistas pudessem programar e realizar suas produções priorizando o contexto visual.

É uma linguagem com sintaxe tradicional que realiza os comandos por meio de palavras da linguagem escrita, em inglês, como: *for*, *while*, *if*, *else* etc. Essa forma de programar permite a construção de algoritmos que estão associados às ações que desenvolvemos em nosso dia a dia. Além disso, o *Processing* pode ser utilizado em conexão com as placas Arduino[2] e Micro Bit,[3] permitindo o uso de atuadores, como sensores de luz, de movimento, de umidade e motores, de modo que seja possível a criação de objetos que atuam no mundo físico e respondem aos nossos estímulos.

O *Processing* oferece recursos de programação para que pessoas interessadas nas áreas das ciências e das artes possam explorar os conceitos matemáticos e lógicos de forma mais autônoma para desenvolver produções artísticas e midiáticas. A linguagem de programação e as placas de entrada e saída de dados podem ser utilizadas para a realização de programas computacionais que auxiliam na implementação de objetos visuais e concretos baseados em padrões da cultura e da natureza.

Do mesmo modo que a apropriação de conceitos matemáticos, a linguagem de programação tem possibilitado a concepção do que estamos denominando "pensamento computacional", e autores das áreas da ciência da computação e das tecnologias educacionais têm proposto que a apropriação dos conceitos computacionais vem propiciando o desenvolvimento dessa área de conhecimento.

Um dos primeiros pesquisadores que se referiram a conceitos relacionados ao "pensamento computacional" foi Seymour Papert, que desenvolveu *hardwares* e *softwares* mais acessíveis, como, por exemplo, a linguagem de programação Logo. Essa linguagem foi criada em meados dos anos 1960 para que as pessoas em geral, inclusive crianças, pudessem aprender os conceitos abstratos lógicos e matemáticos e resolver problemas utilizando ferramentas e interfaces computacionais. Papert, em seu livro *Logo: computadores e educação*,[4] já havia observado como a programação usando a linguagem Logo pode estimular o que chamou de "Ideias poderosas" (*Powerful ideas*) e "Conhecimento processual" (*Procedural knowledge*). Para ele, os computadores deveriam ser utilizados para que as pessoas pudessem "pensar com" as máquinas e "pensar sobre" o próprio pensar. Inclusive o termo "pensamento computacional" foi mencionado pelo autor em seu livro *The children's machine*.[5]

Papert observou que a computação pode ter "um impacto profundo por concretizar e elucidar muitos conceitos anteriormente sutis em psicologia, linguística, biologia, e os fundamentos da lógica e da matemática".[6] Isso é possível pelo fato de proporcionar a uma criança a capacidade "de articular o trabalho de sua própria mente e, em particular, a interação entre ela e a realidade no decurso da aprendizagem e do pensamento".[7]

O termo "pensamento computacional" ou *computational thinking* veio à tona a partir do artigo de Wing, no qual a autora afirma que o "pensamento computacional se baseia no poder e nos limites de processos de computação, quer eles sejam executados por um ser humano ou por uma máquina".[8] Wing sustenta que o pensamento computacional é uma habilidade fundamental para todos, não apenas para cientistas da computação. Segundo ela, a leitura, a escrita e a aritmética – e agora podemos acrescentar o pensamento computacional – são habilidades analíticas que as crianças devem adquirir.

A proposta de Wing abriu inúmeros caminhos para a pesquisa e para a implantação de estudos e ações curriculares no sentido de reavivar a programação, objetivando a criação de condições para o desenvolvimento do pensamento computacional. No âmbito da pesquisa, Haseski, İlic e Tuğtekin analisam artigos publicados de antes de 2000 até 2016,[9] e os resultados mostram que, primeiro, são poucos os trabalhos publicados antes de 2006 que tratam do tema "pensamento computacional". A incidência e a diversidade de publicações aumentam a partir de 2006 e crescem ainda mais a partir de 2011.

Com relação às mudanças curriculares, diversos países introduziram a programação ou a ciência da computação, inclusive nos primeiros anos da educação básica. Por exemplo, a Inglaterra alterou a disciplina obrigatória de informática (denominada ICT), que explorava ferramentas como processadores de texto, planilhas e banco de dados, substituindo-a pela *Computing*, estruturada no tripé: ciência da computação, tecnologia da informação e letramento digital.[10]

Outros países têm uma preocupação muito mais ampla do que simplesmente a de aprender a programar e estão buscando novas maneiras de explorar os conceitos computacionais no sentido de criar condições para o desenvolvimento do pensamento computacional. Por exemplo, atividades como a robótica, a produção de narrativas digitais, a criação de *games* e o uso de simulações para a investigação de fenômenos são baseadas em concepções computacionais de resolução de problemas e do pensamento abstrato e lógico. No entanto, o cerne dessas atividades são justamente a programação e a criação de algoritmos.

1.2 O QUE É ALGORITMO

A realização de um programa de computador tem por objetivo resolver problemas, e para isso é necessário implementar a solução por meio de uma linguagem que permita dialogar com essas máquinas eletrônicas. Além da linguagem computacional, necessitamos de um método de resolução de problema que possibilite produzir um algoritmo.

Quando analisamos um problema que pode ser resolvido por computador, devemos encontrar uma solução que seja viável a partir de determinada linguagem escolhida e, principalmente, elaborar um algoritmo que permita elucidar esse problema. De fato, devemos ter um procedimento lógico que, em determinada linguagem a ser escolhida com recursos específicos, permita criar e implementar um modelo matemático que solucione o problema. No entanto, isso pode ser inviável em função dos recursos disponíveis na linguagem ou por falta de conhecimento da pessoa que está programando.

Assim, para resolver um problema qualquer por meio da programação podemos elaborar um algoritmo. Um algoritmo nada mais é do que um procedimento lógico, passo a passo, que ajude a solucionar determinada tarefa. Devemos responder à pergunta "como fazer?". Em termos mais técnicos, um algoritmo é uma sequência lógica, finita e definida de instruções que devem ser seguidas para elucidar um problema ou executar determinada tarefa.

No dia a dia, não percebemos, mas sempre estamos utilizando algoritmos de forma intuitiva e automática para executar tarefas comuns. Como, em geral, são atividades simples, cuja elaboração dispensa muita reflexão – por exemplo, escovar os dentes, preparar um bolo ou um prato de comida etc. –, os algoritmos acabam passando despercebidos.

1.3 Como resolver um problema

Para analisarmos um problema, é necessária a utilização de uma metodologia. O cientista George Pólya desenvolveu uma metodologia que permite a um "leigo" ter os mesmos recursos mentais de um *expert* para solucionar um problema. Em sua obra *How to solve it: a new aspect of mathematical method* (*A arte de resolver problemas: um novo aspecto do método matemático*),[11] o autor apresenta uma série de procedimentos que, segundo ele, são úteis na resolução de problemas, como: entender o problema, elaborar um plano de resolução, executar o plano, avaliar o plano e corrigi-lo, se necessário. Antes de executar essas ações, se o problema for muito complexo, é necessário decompô-lo em vários subproblemas e utilizar os procedimentos a seguir.

1.3.1 1ª etapa – Entender o problema

Nessa etapa, é essencial que algumas perguntas sejam respondidas: Qual é a incógnita? Embora essa questão possa parecer específica à resolução de problemas matemáticos, podemos ampliar seu contexto considerando-a da seguinte maneira:

a) O que deve ser resolvido?
b) O que deve ser calculado?
c) Que ação deve ser executada?
d) Quais são os dados de entrada e de saída do algoritmo?

Essas perguntas envolvem um detalhamento do problema e a compreensão das informações contidas no contexto do problema, separando os aspectos essenciais e os supérfluos. Entre as informações, devemos procurar aquelas que fornecem dados para resolver o problema; são as informações que estabelecem as condições ou apresentam restrições e imposições para a solução.

1.3.2 2ª etapa – Elaborar um plano de resolução

Nessa etapa, vamos identificar e sistematizar os dados que ajudam a resolver o problema e as incógnitas. Também devemos aproveitar para buscar uma relação entre o problema atual e algum outro que já tenha sido solucionado e possa servir de guia para a solução do atual. Se esse antigo problema estiver elucidado, basta analisar os caminhos percorridos até sua solução e verificar quais as adaptações necessárias para resolver o de agora. Contudo, caso não se encontre um problema similar, devemos dividir o problema atual em partes, concatenando as incógnitas com os dados correspondentes, inclusive criando incógnitas auxiliares para cada parte a fim de criar um algoritmo que o solucione. Faça desenhos, esquemas, utilize notações próprias e elabore um plano de solução, ou seja, comece a esquematizar o algoritmo.

No caso da escovação de dentes, é necessária a execução de certas ações em uma ordem lógica, caso contrário o objetivo não será alcançado; por exemplo, encontrar a escova, achar a pasta, colocar a pasta na escova e assim por diante. Por outro lado, cada uma dessas ações é passível de ser subdividida em ações ainda mais simples – por exemplo, como colocar a pasta na escova.

1.3.3 3ª etapa – Executar o plano

Siga passo a passo o plano elaborado na 2ª etapa. Seguir cada passo significa realizá-lo procurando observar exatamente o que é proposto, sem inserir nenhuma interpretação ou informação nova. É como a máquina procede na execução de um comando. Caso ocorra alguma coisa errada, será necessário voltar à etapa anterior ou até mesmo à primeira etapa e reformular o plano.

O plano elaborado pode ser descrito na forma de um algoritmo, usando ações previamente definidas. Por exemplo, o plano para a realização de uma receita de bolo deve permitir que a pessoa realmente consiga observar a sequência de ações necessárias à produção desse bolo!

1.3.4 4ª etapa – Avaliar o plano

Nessa etapa, verificaremos o resultado, respondendo à seguinte questão: "A solução encontrada satisfaz o problema proposto?". Há várias maneiras de dar resposta a essa pergunta, dependendo do tipo de problema com que estivermos lidando. Se o problema for do tipo numérico, podemos substituir a solução e analisar se existe coerência no resultado. Se o problema for do tipo conceitual, devemos observar se a solução não contraria algum princípio preexistente.

Existem alguns problemas que exigem diferentes abordagens de verificação ou simplesmente a realização de uma simulação da solução. Também encorajamos o leitor a criar seu próprio esquema para avaliar a resolução de problemas.

1.3.5 5ª etapa – Corrigir o plano (se necessário)

Se a solução não satisfaz e não produz os resultados esperados, é necessário corrigir o que foi planejado e rever as ações ou sua sequência. Nessa etapa final, são implementadas as correções, e voltamos à etapa 3, executando o novo plano. Esse ciclo de etapas, 3, 4 e 5, deve ser repetido até que o problema seja resolvido.

No caso da programação, tendo em mente a solução computacional do problema, temos que abordar dois aspectos que estão relacionados diretamente: o algoritmo descrito em matéria de comandos de uma linguagem de programação e a estrutura de dados que organiza as informações a serem processadas pelo algoritmo ou programa. Esses dois pontos são fundamentais para que o computador possa chegar a uma solução. Sabemos que vamos trabalhar com dados na entrada, na saída e no processamento, os quais devem estar armazenados em um recipiente adequado que permita sua manipulação pelo algoritmo. Portanto, o algoritmo será construído a partir do modelo matemático da solução e estará intimamente ligado à estrutura de dados. Devemos fazer um esforço mental para que, dinamicamente, possamos pensar em estrutura de dados e algoritmos de forma simultânea.

1.4 O QUE É *PROCESSING*

Processing é uma linguagem de programação que faz parte de uma plataforma desenvolvida para que artistas e *designers* criem seus próprios programas de computador.[12] Ela disponibiliza uma linguagem de programação, cujo *download* pode ser feito gratuitamente.

O *website* é um ambiente compartilhado que disponibiliza diversos programas já realizados de forma participativa e *on-line*.[13] Desde 2001, a plataforma possibilita a elaboração de programas voltados às artes visuais e a outras áreas do conhecimento. Inicialmente, foi criado para possibilitar o desenvolvimento do esboço de *software* e o ensino dos fundamentos básicos de programação num contexto visual. Hoje, o processamento evoluiu para uma ferramenta de desenvolvimento para profissionais.

Existem muitos estudantes, artistas, *designers*, pesquisadores e amadores que utilizam o *Processing* para aprendizagem, realização de protótipos e produção audiovisual. Ele é um *software* livre que pode ser baixado, ou seja, é *open source*. Permite desenvolver programas interativos para 2D, 3D e PDF e tem integração com o *OpenGL* para aceleração 3D. O *Processing* foi criado para ser executado em ambiente Linux, Mac OS X e Windows e possui mais de cem bibliotecas para atender ao *software* principal.

O *Processing* relaciona conceitos de programação com princípios de forma visual, movimento e interação. Ele integra uma linguagem de programação a um ambiente de desenvolvimento e metodologia de ensino em um sistema unificado. O *Processing* foi criado para ensinar fundamentos da programação de computadores em um contexto visual, servir como um *software* de desenho e ser usado como ferramenta de produção em contextos específicos. As pessoas usam a linguagem para aprendizagem, como estamos propondo neste livro, e para prototipagem e produção.

Linguagem de programação do tipo texto, o *Processing* foi projetado especificamente para gerar e modificar imagens, propiciando equilíbrio entre processamento simples e recursos avançados. Iniciantes podem escrever seus próprios códigos e programas com poucas instruções, mas especialistas com mais conhecimento de programação podem escrever seus códigos utilizando bibliotecas disponíveis com funções adicionais. A linguagem possibilita trabalhar com computação gráfica, técnicas de interação com desenho vetorial e arquivos do tipo *bitmap*. Permite processar imagens e usar modelos de cores, estrutura de dados com *mouse*, teclado, câmeras e com sensores e atuadores interligados por meio de placas como Arduino e Micro Bit. Também viabiliza a comunicação com redes, a interação com celulares e *tablets* e a programação orientada a objetos. Com as bibliotecas, podemos ampliar a capacidade de processamento para gerar som, enviar e receber dados em diversos formatos e, por fim, importar e exportar arquivos 2D e 3D.

1.5 Saiba mais

O livro básico do *Processing* foi produzido em 2001 por Casey Reas e Ben Fry:

REAS, Casey & FRY, Ben. *Processing: a programming handbook for visual designers and artists.* London, MIT Press, 2001.

Exemplos do livro e uma visão geral sobre ele podem ser encontrados no *site* <https://processing.org/books>.

Stephen Wolfram é o criador do Mathematica, do Wolfram|Alpha e da Wolfram Language, autor do livro *A New kind of science* e fundador e *CEO* do Wolfram Research. Ao longo de quase quatro décadas, ele tem sido pioneiro no desenvolvimento e na aplicação do pensamento computacional, bem como o responsável por muitas descobertas, invenções e inovações em ciência, tecnologia e negócios. Wolfram propõe uma maneira diferente de abordar o pensamento computacional. Embora entenda que certa quantidade de pensamento matemático tradicional seja necessária na vida cotidiana e em muitas carreiras, considera que o pensamento computacional é essencial em todos os lugares. Fazer isso bem-feito vai ser uma chave para o sucesso em quase todas as futuras carreiras. Suas ideias podem ser encontradas no *blog:*

WOLFRAM, Stephen. *How to teach computational thinking*, 2016. Disponível em <https://writings.stephenwolfram.com/2016/09/how-to-teach-computational-thinking/>. Acesso em 7/12/2023.

1.6 Atividades a serem desenvolvidas

Atividade 1: Baixar do *site* <www.processing.org> o programa *Processing* e instalá-lo em seu computador.

Atividade 2: Baixar do *site* <www.processing.org> exemplos do livro:

REAS, Casey & FRY, Ben. *Processing: a programming handbook for visual designers and artists.* London, MIT Press, 2007. Disponível em <https://mitpress.mit.edu/9780262028288/processing/>. Acesso em 1/12/2023

Atividade 3: Navegar no *site* <www.processing.org> e tentar se familiarizar com o material disponível. As próximas atividades de programação propostas serão baseadas na linguagem *Processing*.

Atividade 4: No *site* <https://writings.stephenwolfram.com/2016/09/how-to-teach-computational-thinking/>, Stephen Wolfram propõe o que denomina de *Computational Essay*. Qual a diferença básica entre o que foi discutido neste capítulo e o que ele propõe como *Computational Thinking* e *Computational Essay*? Justifique sua resposta.

Notas

[1] O programa e todas as informações da linguagem da plataforma *Processing* estão disponíveis em <http://www.processing.org>. Acesso em 25/5/2019.

[2] A placa Arduino foi criada em 2005, é composta por um **microcontrolador** e circuitos de entrada/saída, e pode ser facilmente conectada a um computador e programada utilizando uma linguagem baseada em C/C++. É possível usá-la para o desenvolvimento de objetos interativos independentes, ou ainda para ser conectada a um computador hospedeiro. Depois de programado, o microcontrolador pode ser usado de forma independente ou via computador hospedeiro. Assim, existe a possibilidade de empregar a placa Arduino para controlar um robô, uma lixeira, um ventilador, as luzes da casa, a temperatura do ar-condicionado etc.

[3] O Micro Bit, também chamado de BBC Micro Bit e micro:bit, é um computador de placa única composta por um microcontrolador. O objetivo desse computador é educar crianças e jovens sobre os conceitos básicos de computação e de programação de computadores.

[4] Papert, 1985.

[5] Papert, 1992, p. 184.

[6] Papert, 1971, p. 2.

[7] *Idem*, p. 3.

[8] Wing, 2006, p. 33.

[9] Haseski; İlic & Tuğtekin, 2018.

[10] UK Department for Education, 2013.

[11] Pólya, 1995.

[12] Processing, 2019.

[13] *Idem*.

CAPÍTULO 2
A ETNOMATEMÁTICA E SUAS REPRESENTAÇÕES

A matemática é uma linguagem relacionada à cognição humana e ao processo de elaboração de conhecimento. Pelos desenhos, imagens, gráficos, diagramas e esquemas, verificamos que nossa percepção visual é carregada de princípios abstratos, lógicos e matemáticos. Desse modo, encontramos muitos pontos de similaridade entre matemática e artes, especialmente quando observamos essas duas áreas de conhecimento sendo modificadas pelas mídias que criamos ao longo da história. Iniciamos com a etnomatemática e, em seguida, abordamos as representações matemáticas na era materialista industrial ocidental.

2.1 A ETNOMATEMÁTICA

O enfoque de nossa reflexão é a cultura ocidental. Entretanto, iniciaremos nossas discussões considerando outras culturas e etnias. D'Ambrosio, a partir do conceito de "etnomatemática", afirma que a matemática está presente em todas as formas culturais e que, ao manejarmos números, quantidades, medidas, relações geométricas, imagens gráficas, padrões de representações, estamos fazendo "etnomatemática".[1] Para ele, essa área de conhecimento situa-se numa transição entre a matemática convencional e a antropologia cultural. Assim, as raízes desse conhecimento são, na verdade,

> [...] uma etnomatemática que se originou e desenvolveu na Europa, tendo recebido algumas contribuições das civilizações indiana e islâmica e que chegou à forma atual nos séculos XVI e XVII, e então é levada e imposta a todo o mundo a partir do período colonial. Hoje adquire um caráter de universalidade, sobretudo em virtude do predomínio da ciência e da tecnologia modernas, desenvolvidas a partir do século XVII na Europa.[2]

Observemos, então, a "etnomatemática" aplicada aos aspectos da cultura não ocidental relativos à topologia das imagens produzidas em pinturas rupestres, às produções dos chapéus côncavos e convexos da cultura Chilkat e aos padrões lógicos que formam as tramas das carteiras de palha da cultura africana.

2.2 Aspectos relativos à topologia das imagens

O registro do pensamento, em imagem sobre um suporte, vem sendo feito pelos homens desde a pré-história. Com essas representações, temos a necessidade de determinar parâmetros para executá-las. São conhecidas as imagens dos touros gravadas nas pedras da caverna de Lascaux, na França, com cinco metros de comprimento. É fácil compreender que, para conceber tais representações nas proporções em que foram feitas, foram necessários um conhecimento técnico e um procedimento lógico-matemático espacial. Para utilizar óxido mineral, ossos carbonizados, carvão vegetal e o sangue dos animais abatidos na caça com a intenção de representar imagens nas pedras, o homem necessitou planejar essas tarefas e as estruturas lógicas de tais representações.

A modelagem das imagens dos touros exigiu um princípio topológico de representação que, por sua vez, era uma forma imagética de fixar uma representação, um desenho, ou, ainda, era a forma xamânica, mística ou religiosa de dominar os animais, facilitando sua caça.[3]

Os homens da pré-história acreditavam que as imagens serviam para delinear as ações do dia a dia. Desde os primeiros registros, as imagens já possuíam características científicas. Além de estabelecerem as formas de nossos modelos de representação, por meio de regras de proporcionalidade, serviam para contabilizar as pessoas, os animais e as coisas do cotidiano. Assim, o homem se mostrava científico desde a pré-história; primeiro, rudimentarmente com seus registros nas pedras; depois, com representações mais detalhadas das imagens das plantas, da anatomia humana e animal, atribuindo a característica de ser um registro do olhar, isto é, a imagem é semelhante ao olhar.[4] Inicialmente, as imagens e as estruturas geométricas, que organizavam nossas representações em desenhos e pinturas, eram executadas somente com técnicas artesanais e manuais:

> Os estudos preparatórios dos elementos utilizados em suas pinturas [de Leonardo da Vinci], como os das pesquisas de plantas para "Leda and the Swan" (Meyer, 1989), foram os resultados de uma observação apurada da natureza e de um registro preciso das plantas, nos mínimos detalhes. Esses registros, buscando uma fidelidade maior com o real, iniciam também a necessidade de um olhar mais minucioso sobre a natureza, revelando, em consequência, novos conhecimentos.[5]

É trivial deduzir que as imagens encontradas desde a pré-história até os dias de hoje, passando pelos egípcios, babilônios e gregos, possuíam características topológicas. A capacidade de representar quantidades, mensurar proporções ou até de, simplesmente, identificar padrões de repetição nas formas que apresentam é uma característica óbvia das imagens.

No Parque Nacional da Serra da Capivara, no sítio arqueológico de São Raimundo Nonato, no Piauí, encontramos grafismos rupestres que possibilitam constatar que as imagens produzidas pelo homem da pré-história continham elementos que permitiam inferir sobre relações de dimensionalidade, proporcionalidade e espacialidade. Os animais e os seres humanos representados, mesmo aqueles mais estilizados, possuem proporções e medidas facilmente identificáveis nos traços, como pode ser observado na Figura 2.

Figura 2 – Pintura rupestre. *Grande Cervo – Toca do Salitre* (8000-7000 a.C.), Piauí, Brasil. Fonte: Sítio Arqueológico Serra da Capivara VIII.

Na pesquisa de Guidon, as representações rupestres existentes no Parque Nacional da Serra da Capivara são cronologicamente identificadas em: *Tradição Nordeste* (12000-6000 anos AP – antes do presente), *Tradição Agreste* (6000-4000 anos AP) e *Tradição Geométrica* (5000--4000 anos AP). Ainda foram identificadas duas gravuras: *Itacoatiaras do Leste* e *Itacoatiaras do Oeste*.[6] Nas representações da Tradição Geométrica, caracterizadas por uma predominância de grafismos topológicos que para nós, ocidentais, representam formas e figuras geométricas, como círculos, triângulos e retângulos, vamos encontrar uma tendência à "geometrização" e um grafismo abstrato e topológico.

Essas representações "geométricas" carregam em si uma grande variedade de possibilidades interpretativas, por isso hoje são observadas com muito cuidado em relação ao que significam. Essas características da "geometrização" também podem ser encontradas nas representações da Tradição Nordeste e da Tradição Agreste nesse sítio arqueológico. No entanto, em um estudo mais detalhado sobre elas, realizado por Martin,[7] vamos encontrar, associados a esses grafismos "geométricos", sistemas de contagem, relações com os corpos celestes e com os calendários lunares, bem como relações espaço-corporais, como de sexo, mostrado na Figura 3.

Figura 3 – Pintura rupestre – *Sexo – Toca do Caldeirão do Rodrigues I* (8000-7000 a.C.), Piauí, Brasil. Fonte: Parque Nacional Serra da Capivara.

Pessis comenta que, nesse sítio arqueológico do Parque Nacional Serra da Capivara, convém fazer uma distinção entre as formas gráficas de representação que mostram as profundidades espaciais e as que não mostram.[8] A construção de cada uma delas é relativa ao objeto tridimensional e trata das projeções sobre o plano, tomando como base um objeto em relação ao outro e suas profundidades. É possível afirmar que a representação dos objetos se dá pela representação gráfica associada a certos fatores estruturais da visualidade e dos modos de representação bidimensional.

A representação em perspectiva aparece, na história do homem, somente com os egípcios, os babilônios, os gregos e os etruscos, e os resultados gráficos são soluções que ressaltam a tridimensionalidade das formas.[9] Em certas composições das representações rupestres da Tradição Nordeste, a relação sexual apresentada mostra parceiros que recebem o mesmo tratamento no espaço topológico gráfico. A composição é feita segundo um ponto de vista que expõe a identidade sexual dos dois atores e sua relação sexual. As rochas, que são os suportes dessas pinturas, revelam que as figuras humanas são desenhadas como se estivessem na superfície do solo, na qual as duas pessoas interagem sexualmente:

> O estudo dos grafismos de ação da Tradição Nordeste permite constatar que, segundo as modalidades estilísticas, os autores recorrem às diversas soluções para estabelecer as relações de profundidade entre os elementos da composição pictural. Vemos várias formas de tratamento do espaço e da representação de profundidade entre os componentes do agenciamento pictural. Um desses procedimentos consiste na superposição de diferentes planos paralelos horizontais aos quais são dispostos componentes de uma representação, de tal sorte que parece achatado (*sic*) sobre o plano bidimensional; a percepção da profundidade exige do observador um ato imaginário de destacamento da figura. A partir dessa operação de base, os procedimentos utilizam os recursos de obliquidade que contribuem para produzir uma verdadeira percepção de profundidade, pois significa (*sic*) um crescendo e decrescendo, do momento que é visto (*sic*), como um desvio ou aproximação gradual da posição estável da verticalidade e horizontalidade.[10]

Nessas formas de representação gráfica, podemos constatar claramente as estruturas lógico-matemáticas de caráter topológico necessárias para elaborar esses desenhos. Apesar de elas serem realizadas sobre as pedras, que são suportes tridimensionais, podemos vê-las como representações bidimensionais que, facilmente, seriam executadas em folhas de papel. Elas exigem uma concepção do espaço topológico que, certamente, tem dimensionalidade e proporcionalidade. Essas são características das estruturas lógicas e matemáticas dessas imagens. Esses registros cravados nos diversos tipos de suporte usados na pré-história possuem estruturas topológicas – e, portanto, lógicas e matemáticas – ao serem elaborados.

Na Figura 4, observamos uma das mais belas representações com imagens de homens, animais e formas repetidas, mostrando as noções topológicas nas quais identificamos a espacialidade corporal e os sistemas de contagem e quantificação.

Figura 4 – Pintura rupestre – *Detalhe de Cena Cotidiana – Toca do Boqueirão do Sítio da Pedra Furada* (5000-3000 a.C.), Piauí, Brasil. Fonte: Pinturas rupestres – Sítio Arqueológico Serra da Capivara – São Raimundo Nonato (PI).

Essa imagem, realizada na Toca do Boqueirão do Sítio da Pedra Furada, em São Raimundo Nonato, no Parque Nacional da Serra da Capivara, utiliza, em sua digitalização, recursos computacionais. O processo de obtenção dessa imagem e seu tratamento gráfico, através de meios de produção eletrônicos e digitais, suscitam uma série de possibilidades interpretativas, na medida em que viabilizam a observação de elementos só factível com o uso dos computadores. Esse processo permite uma ampliação da resolução gráfica da imagem limitada apenas pelo tamanho do arquivo a ser gravado no computador, isto é, pela extrapolação do limite da resolução gráfica do processo fotográfico. Assim, podemos identificar imagens gravadas nas pedras que a olho nu não seria possível visualizar.

2.3 Aspectos relativos à produção de imagens

Às vezes, são imagens e representações bidimensionais; outras vezes, são esculturas e peças tridimensionais; de fato, usamos uma grande variedade de suportes para representar as imagens criadas por nós. Observemos agora, na Figura 5, os chapéus côncavos e convexos dos índios norte-americanos do noroeste do Pacífico.

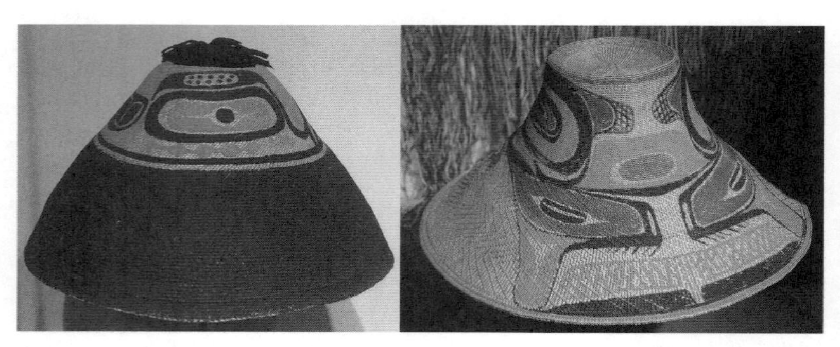

Figura 5 – Chapéus côncavo e convexo dos índios americanos. Fonte: Wikimedia Commons.

Os chapéus côncavos foram confeccionados pelos índios Makan e outros povos Nootka, e os convexos, pelos Tlingit, Haida e Kwakiutl. A partir das imagens, verificamos que os índios americanos, ao executarem cestas, utensílios domésticos e vestimentas, fundamentam seus modelos topológicos de representação no ato da criação de seus objetos de uso diário. Suas imagens são produzidas na construção dos objetos de palha e nas imagens colocadas sobre eles.

As aranhas tecedeiras constroem suas teias começando por fios retos que se juntam no centro. Em seguida, tecem espirais ao redor desses fios, que vão se alargando em órbitas cada vez mais amplas. Cesteiros trabalham em um padrão dinérgico semelhante. Inicialmente, fibras duras – a urdidura – são amarradas em um ponto que será o centro do cesto. Em seguida, fibras flexíveis – a trama – são trançadas por cima e por baixo da urdidura, de forma rotativa. Em cestos feitos em caracol, uma fibra resistente, porém flexível, toma o lugar da urdidura reta; ela é cosida, ao longo das linhas radiantes, com uma trama fina, com o auxílio de uma agulha. Por causa da natureza dinérgica do processo de trabalho, é fácil reconstruir os contornos de um cesto.[11]

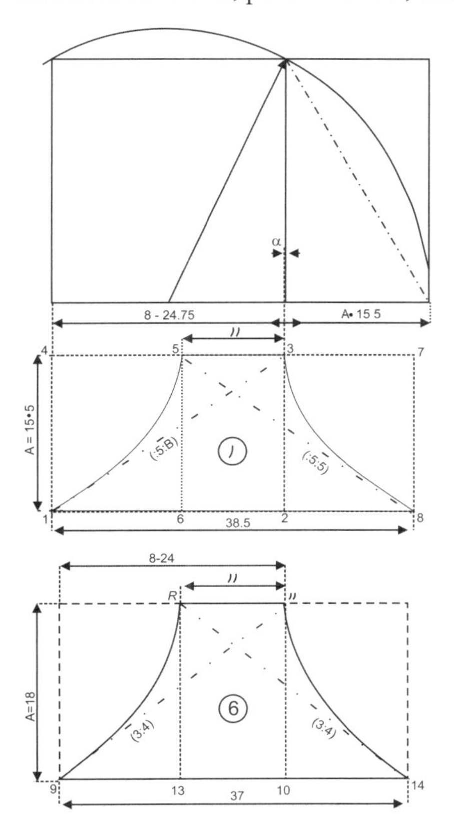

Figura 6 – Análise proporcional de chapéus trançados do tipo convexo. Fonte: Doczi, 1990, p. 16.

Doczi afirma que podemos encontrar, nos chapéus côncavos, relações como as proporções áureas e, nos chapéus convexos, relações como o Teorema de Pitágoras, conforme ilustrado na Figura 6. Essas estruturas lógicas podem ser identificadas na figura nos esquemas diagramáticos dos chapéus, que mostram suas formas trançadas, reconstruídas pelo método dinérgico de raios e círculos.[12] Essas tramas e urdiduras nos remetem às similaridades e simetrias que sempre buscamos ao observar objetos.

O texto de Doczi aborda ainda as proporções encontradas nas mantas cerimoniais dos Chilkat, em seus mínimos detalhes, como mostra a Figura 7.

Figura 7 – Manta Chilkat da Coleção do Museu Natural de História – Chicago – Illinois. Fonte: Os autores.

Nessas mantas, encontramos uma sucessão de olhos e de formas ovoides também identificados nos chapéus; são representações esquemáticas e estilizadas. É óbvio que essas formulações e relações lógico-matemáticas, com base em proporções e no Teorema de Pitágoras, não foram utilizadas com esses fundamentos pelos índios norte-americanos, porém alguns procedimentos lógicos, matemáticos e topológicos, semelhantes aos adotados nas imagens rupestres, são necessários na construção dessas peças artesanais.

Deixando de lado essas representações realizadas de forma independente em relação aos rigores matemáticos da cultura ocidental, retomamos o pensamento de D'Ambrosio[13] e constatamos que muitas civilizações do passado – como as dos astecas, dos maias, dos incas, as que habitaram as planícies da América do Norte, da Amazônia, da África subequatorial, dos vales do Indo, do Ganges, do Yang-Tsé e da bacia do Mediterrâneo – desenvolveram importantes princípios no campo da matemática. Introduzindo o próximo aspecto que analisaremos neste texto, estamos nos referindo às questões lógicas dos modelos matemáticos.

A civilização egípcia, que em torno de 5000 a.C. deu origem a conhecimentos utilitários e especiais na matemática,[14] baseava-se em representações que tratavam das medidas das terras e de aspectos relativos à astronomia. Os egípcios constataram que as inundações do rio Nilo ocorriam depois que Sirius, a estrela do Cão Maior, aparecia a Leste, logo após o nascer do Sol.[15] Após 365 dias, essa situação de alagamento das terras do Egito voltava a acontecer, e, assim, os egípcios elaboraram um calendário solar que avisava sobre as inundações. Eles adotavam procedimentos matemáticos de registro do tempo e praticavam uma matemática utilitária, assim como os povos da margem superior do Mediterrâneo, os gregos, usavam a matemática da mesma forma. No entanto,

> [...] ao mesmo tempo, desenvolveram um pensamento abstrato, com objetivos religiosos e rituais. Começa assim um modelo de explicação que vai dar origem às ciências, à filosofia e à matemática abstrata. É muito importante notar que duas formas de matemática, uma que poderíamos chamar de utilitária e outra, matemática abstrata (ou teórica ou de explicações), conviviam e são perfeitamente distinguíveis no mundo grego.[16]

Nosso objetivo, ao abordarmos aspectos matemáticos de momentos precedentes aos da cultura ocidental e de culturas diferentes da nossa, não é reconstruir a história da matemática ocidental, mas simplesmente apresentar algumas reflexões sobre as imagens e as matemáticas produzidas por essas culturas. Poderíamos, ainda, destacar aspectos matemáticos da Grécia e de Roma, no tempo de Platão e Aristóteles, ou analisar profundamente *Os elementos* de Euclides, ou ainda tecer comentários acerca dos trabalhos realizados por Pitágoras e por seus seguidores; enfim, poderíamos observar os vários momentos da história e da matemática da Antiguidade. No entanto, preferimos tratar de temas aparentemente isolados entre si, mas que estão totalmente conectados por meio da cultura e de suas formas de produção, e que nos conduzem à "etnomatemática".[17]

2.4 Aspectos relativos à lógica das imagens

O último aspecto dessas culturas e etnias não ocidentais que vamos analisar são as relações geométricas obtidas na construção das carteiras de mão trançadas, chamadas de *sipatsi*, da província de Inhambane, em Moçambique. Gerdes e Bulafo mostram que as cestarias moçambicanas produzem padrões geométricos de construção das tramas dos *sipatsi*, como mostra a Figura 8. Sua obra *Sipatsi: tecnologia, arte e geometria em Inhambane*,[18] que tomaremos como base, expõe a forma de construir carteiras de mão trançadas, aproveitando os princípios lógicos das tramas.

Figura 8 – Carteiras de palhas trançadas. Fonte: Os autores.

A coleta de dados com as cesteiras e os cesteiros para a realização do trabalho de análise das formas geométricas construídas nas *sipatsi*, de Moçambique, ocorreu nos distritos de Morrumbene, Maxixe e Jangamo, na província de Inhambane. Segundo Gerdes e Bulafo,[19] a execução das cestarias é um trabalho originariamente feminino. As mulheres também se encarregam do cultivo das machambas, da cozinha, do transporte de água e da educação das crianças. Os homens cuidam da pesca do camarão e da construção de casas. No entanto, hoje, com a necessidade de aumentar a renda das famílias e o grande interesse despertado por esse tipo de artesanato, têm aparecido vários cesteiros que se dedicam profissionalmente à produção das tramas e urdiduras das carteiras *sipatsi*.

A grande maioria dos padrões de fitas das *sipatsi* é produzida baseando-se nas relações simétricas possíveis nas tecelagens. As carteiras e as cestas são construídas a partir de uma torção de 45º ou 135º, com simetria axial, isto é, o eixo utilizado para a elaboração das figuras obedece à perpendicularidade das faixas, como mostra a Figura 9.

Figura 9 – Modelagem possível em carteiras trançadas de mão – *sipatsi*. Fonte: Os autores.

Essa é uma das formas de elaborar as peças de palha fina e maleável de um tipo de palmeira. Segundo Gerdes e Bulafo,[20] são vários os padrões de tecelagem elaborados pelos moçambicanos, porém as tramas respeitam um padrão de simetria definido no plano bidimensional, e suas possibilidades de execução são limitadas pela necessidade de trançar. Para esses autores, o eixo indicado é perpendicular à direção da fita e

> [...] geralmente se diz que um padrão de fita com eixo de simetria, perpendicular à direção da fita, apresenta uma simetria vertical. O padrão é invariante sob uma reflexão no eixo vertical. A palavra vertical é adequada se o livro em que se encontra a figura estiver numa posição vertical, por exemplo, colocado numa estante: quando estiver assim, é de fato vertical.[21]

Existem vários eixos verticais identificados nas formas tramadas. Poderíamos dizer ainda que os eixos de simetria são infinitos, uma vez que as representações são fitas e poderiam se prolongar indefinidamente, se assim o desejássemos. Trata-se de apenas um dos exemplos das simetrias encontradas nas *sipatsi*, pois, como as formas geométricas são construídas nas tramas e urdiduras das palhas tecidas, facilmente compreendemos que os desenhos e formas sempre obedecem às direções 0°, 45°, 90°, 135° e 180°, obrigatórias na execução das tranças da *sipatsi*.

A noção de simetria nas figuras geradas por esse sistema de representação geométrica das carteiras de Moçambique é um modelo determinado fundamentalmente pela lógica da trama das fitas de palha. De fato, os axiomas lógicos que definem os modos possíveis de construção das formas geométricas das carteiras são elaborados diante do ato de tramar as próprias produções realizadas em tecelagem.

Verificamos que a série de figuras geradas por meio dos paralelogramos dentados é equivalente a 8x13, ou seja, 8 tiras oblíquas, sendo cada uma delas composta por 13 quadrados. Isso forma um período fixo no qual os desenhos produzidos se repetem, e, assim, as formas são confeccionadas nas possibilidades dessa estrutura. Gerdes e Bulafo elaboraram a classificação lógica das formas geométricas apresentadas nas carteiras, na qual é possível distinguir sete classes distintas de padrões. Segundo esses dois autores, as fitas podem ser:

> 1) Padrões de fita que apresentam ao mesmo tempo uma simetria vertical, uma horizontal e uma rotacional de 180 graus;
> 2) Padrões de fita que apresentam ao mesmo tempo uma simetria vertical, uma simetria translacional refletida e uma rotacional de 180 graus;

3) Padrões de fita que apresentam ao mesmo tempo uma simetria vertical;
4) Padrões de fita que apresentam ao mesmo tempo uma simetria horizontal;
5) Padrões de fita que apresentam uma simetria rotacional de 180 graus;
6) Padrões de fita que são apenas invariantes sob uma reflexão translada (ou sob uma translação refletida);
7) Padrões de fita que são apenas invariantes sob uma translação e que não apresentam nenhuma outra simetria.[22]

Na Figura 10, pode-se verificar a estrutura das tramas dos cesteiros.

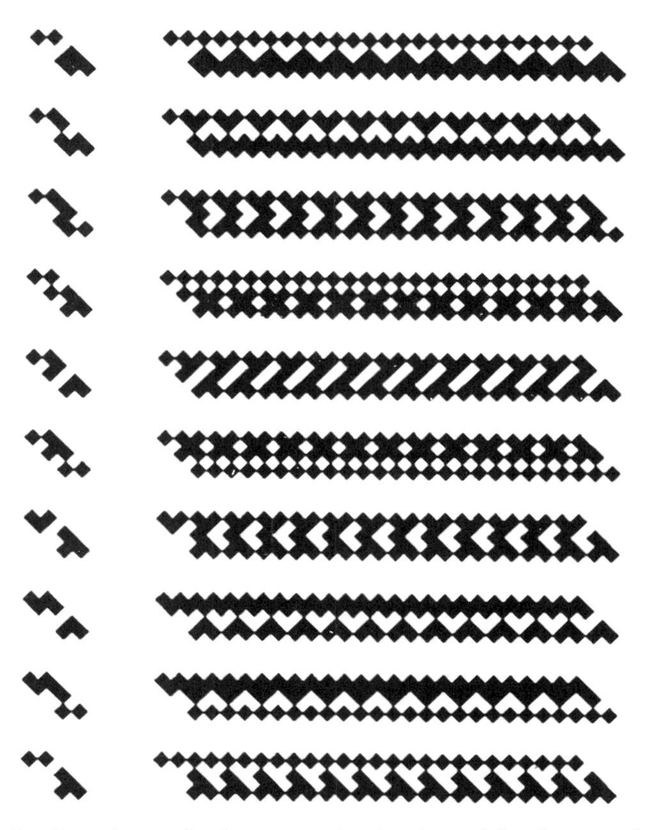

Figura 10 – Desenhos realizados na carteira *sipatsi* – padrões da trama da palha. Fonte: Gerdes & Bulafo, 1994.

No final do livro de Gerdes e Bulafo, vemos elaboradas as possibilidades de padrões das fitas para dimensões 2x3, 2x4, 4x3, 5x3 e 3x4, mostrando que os padrões que formam são em número limitado em função da relação que adotamos para os quadrados horizontais e verticais. Em outro livro, *Explorations in ethnomathematics and ethnoscience in Mozambique*, organizado por Gerdes,[23] encontramos vários autores refletindo sobre as questões matemáticas e educacionais relativas às ciências nas produções africanas do século XXI. Todos os textos abordam a ciência "etnomatemática" e aspectos matemáticos da linguagem e da aritmética mental dos africanos, em especial da cultura realizada em Moçambique.

2.5 Saiba mais

O Movimento das Etnomatemáticas surgiu no Brasil em 1975, a partir dos trabalhos de base etnoantropológica de Ubiratan D'Ambrosio. Neste livro, ele procura dar uma visão geral da etnomatemática, focalizando mais os aspectos teóricos:

D'AMBROSIO, Ubiratan. *Etnomatemática: elo entre as tradições e a modernidade*. Belo Horizonte, Autêntica, 2001.

O livro de Paulus Gerdes apresenta uma cuidadosa discussão e diversos exemplos de como a matemática se relaciona com outras atividades humanas:

GERDES, Paulus. *Da etnomatemática a arte-design e matrizes cíclicas*. Belo Horizonte, Autêntica, 2010.

2.6 Atividades a serem desenvolvidas

Atividade 1: A partir da leitura da Introdução e deste capítulo – "A etnomatemática e suas representações" –, é possível afirmar que etnomatemática é matemática? Justifique.

Atividade 2: Dê exemplo de um artefato baseado no conceito de etnomatemática. Justifique sua escolha.

Atividade 3: Navegar no *site* sobre o Prof. Ubiratan e entender como surgiu a etnomatemática e qual seu papel na história da ciência e na matemática.

D'AMBROSIO, Ubiratan. *Professor Ubiratan D'Ambrosio: pesquisador*. Disponível em <https://pt.wikipedia.org/wiki/Ubiratan_D%27Ambrosio>. Acesso em 7/12/2023.

Notas

[1] D'Ambrosio, 1990.
[2] D'Ambrosio, 2000, p. 112.
[3] Sogabe, 1996, pp. 59-64.
[4] *Idem*.
[5] *Idem*, p. 62.
[6] Guidon, 1991.
[7] Martin, 1997.
[8] Pessis, 1987.
[9] *Idem*, p. 68.
[10] *Idem*, p. 69.
[11] Doczi, 1990, pp. 14-16.
[12] *Idem*, p. 16.
[13] D'Ambrosio, 2000.
[14] *Idem*, p. 34.
[15] Boyer, 1974, p. 9.
[16] D'Ambrosio, 2000, p. 35.
[17] *Idem*.
[18] Gerdes & Bulafo, 1994.
[19] *Idem*.
[20] *Idem*.
[21] *Idem*, p. 74.
[22] *Idem*, pp. 79-80.
[23] Gerdes, 1994.

CAPÍTULO 3
A MATEMATIZAÇÃO DAS CIÊNCIAS NA CONTEMPORANEIDADE

Nosso objetivo é realizar uma abordagem dos signos artísticos e matemáticos através das mídias, dando ênfase às questões lógicas da visualidade que se destacam no contexto contemporâneo. Com efeito, pretendemos contribuir para atingir outros níveis de complexidade e observar emergências pelas nossas análises. Para Nöth e Santaella, fundamentados no pensamento de Charles Sanders Peirce, todas as ciências caminham para

> [...] aumentar gradualmente seu nível de abstração até se saturarem na matemática, quer dizer, a tendência de todas as ciências é se tornarem ciências matemáticas. O conglomerado de ciências que hoje recebe o nome de ciência cognitiva parece estar no caminho de comprovar essa sugestão.[1]

Hoje, as imagens digitais existem durante o tempo de processamento e de exposição através das mídias. Elas são construídas e, em seguida, destruídas para dar lugar às imagens que as substituirão. Percebemos as "imagens digitais" ou as "imagens em processo" geradas a partir dos modelos lógicos das mídias. Por conseguinte, observamos uma total dependência conceptual dessas imagens que estão intimamente associadas aos suportes que as produzem.

As "imagens matemáticas"[2] são concepções visuais em processo que adquirem valores diferenciados quando estão relacionadas às linguagens que as geram baseadas nos princípios e fundamentos do momento histórico em que são concebidas. Observar esses aspectos associados às tecnologias emergentes nos leva a conectar três realidades aparentemente distintas: a visualidade das imagens que possuem características diagramáticas; a questão da operacionalidade de suas construções por meio das linguagens matemáticas; e os aspectos mentais e simbólicos necessários para a produção desse tipo de conhecimento.

Assim, este capítulo pretende observar a linguagem matemática por meio dos signos que gera, nos aspectos sintáticos dados pelas formas, nos aspectos semânticos descritos, narrados e dissertados pelo código matemático, e nos aspectos paradigmáticos que constroem os vários modos de estruturar o pensamento matemático. De fato, partiremos de um modelo que permite identificar as imagens produzidas por essa ciência, aumentando os níveis de complexidade do raciocínio sobre as imagens geradas pelos modelos matemáticos, verificadas no contexto tecnológico e associadas às produções artísticas e midiáticas.

3.1 AS REPRESENTAÇÕES MATEMÁTICAS NA ERA MATERIALISTA INDUSTRIAL OCIDENTAL

Na cultura ocidental, as imagens sempre estiveram associadas às formas de elaboração do conhecimento humano. Somos obrigados a recorrer a elas para melhor observar o comportamento dos modelos que queremos construir. Planejar é sinônimo de elaborar modelos, diagramas, desenhos, esboços, enfim, conceber imagens mentais e visuais que possibilitem antever situações.

A partir da Idade Média, iniciamos nossa reflexão pelas pinturas de Giotto e pela revolução científica realizada por Galileu. Com a perspectiva linear, a cultura ocidental começou a planejar tudo a seu redor. A representação de figuras por meio das diferentes formas perspectivas fez com que tivéssemos a capacidade de representar, numa superfície plana, elementos geométricos simulando três dimensões. As representações artísticas do final da Idade Média e do começo do Renascimento, mais especificamente as pinturas de Ambrogiotto Bondone, conhecido como Giotto, foram criadas por volta do século XIII. A Figura 11 mostra o detalhe de *A lamentação de Cristo*, de Giotto.

Figura 11 – Detalhe de *A lamentação de Cristo*, de Giotto (1304/1306). Fonte: Civita, 1968, pp. 22-23.

As obras desse artista passaram a consagrar um modelo de representação visual e lógico realizado por volta do século III a.C.: a geometria euclidiana. A obra de Euclides é conhecida como uma forma de axiomatização dos elementos matemáticos e é considerada a primeira tentativa de sistematização da matemática. Essa forma de elaboração geométrica pode ser visualizada nas pinturas realizadas por Giotto, e claro que naquele momento as pinturas não adotavam procedimentos de perspectiva tão elaborados e complexos como vamos encontrar nas obras do período renascentista.

Com esse modelo, a partir do século XIII, conseguimos simular e planejar os ambientes reais e imaginários utilizando as imagens com base no modelo euclidiano. Segundo Edgerton, em sua obra *The heritage of Giotto's Geometry: art and science on the eve of the scientific revolution*,[3] existiram três aspectos que modificaram nossos paradigmas de percepção naquele momento histórico: um político, um religioso e um matemático. Para ele, os fatores que contribuíram para as grandes mudanças a partir do período renascentista foram: a política de rivalidade nos Estados-cidades sustentada por uma economia capitalista burguesa mercantilista; o conceito ético-religioso de "leis naturais" concebidas a partir de um modelo fixado *a priori*, que admitia a existência de um "Deus" único; e, finalmente, uma filosofia para a pintura, que adotava princípios baseados na estrutura axiomática e matemática da geometria euclidiana.[4]

Obviamente, escolhemos o ciclo materialista industrial ocidental porque é dele que emanam nossos valores, fundamentados na materialidade e nas formas de produzir da cultura ocidental. Assim, o modelo que adotamos para analisar essas representações está apoiado em três formas de produção: (a) *pré-industrial*, (b) *industrial mecânico* e (c) *industrial eletroeletrônico e digital*. Não faremos uma rigorosa segmentação histórica desses períodos, uma vez que entendemos que as mudanças de padrões e paradigmas não ocorrem instantaneamente nem deixam de existir na passagem de um ciclo ao outro. Verificamos que tudo deve ser estruturado de maneira orgânica e em processo, na medida em que não encontramos um mundo com valores caracterizados por momentos de ascensão, apogeu e decadência.

De fato, ainda hoje, nossa cultura está impregnada pelo paradigma cientificista sustentado pelo modelo cartesiano que tem suas principais fundamentações teóricas nos pensamentos de Descartes, Newton e Bacon. Para eles, qualquer sistema, por mais complexo que seja, poderia ser compreendido a partir das propriedades das partes, e, automaticamente, a dinâmica do todo se explicitaria. Atualmente, acreditamos em um processo de evolução dos sistemas como "holarquias",[5] em que

> [...] parte e todo deixam de ter sentidos isolados e passam a compor um sistema único, íntegro e coeso [...]. O modo de pensar oriental, com sua maneira intuitiva de estabelecer valores, aponta na mesma direção quando afirma que "o caminho e o caminhante são fundamentalmente uma coisa única formando um todo, onde o primeiro não existe isolado do segundo, e muito menos este longe do primeiro".[6]

Os ciclos fazem parte da evolução de modelos que, antes de serem univocamente determinados, são sistemas em processo. Neles percorremos caminhos em busca das verdades mais do que de sua definição absoluta. Na dissertação de mestrado *Umatemar: uma arte de raciocinar*,[7] foi adotado um princípio fragmentado claramente cartesiano, pois era sabido que seria difícil abandonar esse modelo, uma vez que nossos princípios sempre estiveram relacionados a ele. Hoje, não totalmente desvinculados das formulações de Descartes, acreditamos em valores mais harmônicos baseados no pensamento de Charles Sanders Peirce.

3.2 O CICLO PRÉ-INDUSTRIAL

As cidades começam a crescer. Além das muralhas que protegiam os burgos, podíamos ver, no horizonte, o infinito, o irreconhecível, o imponderável, o místico: a Idade Média. Uma nova vida se abria com a expansão marítima, com a economia comercial e monetária e com o gradativo abandono dos castelos medievais. Os centros culturais deslocam-se do campo para as cidades.

A população está em constante movimento: os cavaleiros por meio das cruzadas, os mercadores andando de cidade em cidade, os camponeses deixando suas terras para virar comerciantes, os artistas e artesãos vagando em busca de trabalho, enfim, o mundo move-se, e o homem percebe esse movimento.

Os princípios estabelecidos pela fé começam a cair por terra diante de duas formas de conhecimento: a teologia e a filosofia. A Igreja, como uma instituição soberana, permanece viva ditando normas, regras e valores; em particular, estabelece um conceito ético-moral de "lei natural", definido por algo superior aos seres humanos.[8] De fato, nossas reflexões começam na Idade Média, num momento em que tínhamos uma percepção relacionada aos valores místicos da cultura medieval e à crença de que tudo era orientado por leis naturais instituídas por algo superior a nós; acreditávamos em um Deus onipotente e onipresente.

De outro lado, tínhamos a crença de que o sistema geométrico conhecido, com base na teoria do matemático Euclides, fosse um sistema lógico divino organizado por leis da natureza e do pensamento humano. Nossos sensores eram apenas nossos órgãos sensitivos. Nossos olhos, mãos e mentes produziam conhecimentos calcados nas particularidades dos indivíduos. A vida do campo nos fazia conviver com as forças da natureza e, para suportá-las, éramos obrigados a respeitá-las, admitindo-lhes um caráter místico.

Nas artes plásticas, a perspectiva linear com apenas um ponto de fuga resumia uma situação na qual a obra de arte era uma parte do universo como ele era observado, ou, pelo menos, como deveria sê-lo, na percepção de um indivíduo, isto é, de um ponto de vista subjetivo, num momento particular. Dürer, parafraseando Piero Della Francesca, afirmava que "primeiro é o olho que vê; segundo, o objeto visto; terceiro, a distância entre um e outro".[9] No final desse período, haviam sido construídas três formas de pensar a ciência do espaço e dos números, todas elas baseadas em uma visão geométrica intuitiva fundada na observação, isto é, numa percepção matemática euclidiana espacial.

A produção artesanal imprimia as marcas individuais do produtor no objeto criado. Percebemos também que todas as teorias matemáticas olhavam para seus objetos de estudo pelo aspecto geométrico e euclidiano com base na observação pura e simples de nossos sensores naturais. Assim, o espaço topológico utilizado pelos pensadores sustenta-se numa métrica plana dada, sem quaisquer instrumentos auxiliares. Logo, nesse período, a visão sistêmica dos espaços topológicos matemáticos e artísticos era dada pela percepção intuitiva humana sem ferramentas de avaliação; o que valia eram o olho e nossa percepção individual.

Como podemos constatar na pintura de Van der Weyden, a arte era medida e ordem quando estabelecia as relações de proporcionalidade no mundo, na arquitetura e nas representações das figuras humanas, conforme ilustrado na Figura 12.

As ordens dórica, jônica e coríntia são exemplos desse tipo de princípio utilizado em nossas representações pictóricas no período pré-industrial. Estávamos diante de formas de representações baseadas no sistema perspectivo linear, e o senso comum eram a simetria, o equilíbrio, a ordenação e a mensuração.

A matemática, na tentativa de estabelecer uma projetividade espacial, operava sobre conceitos semelhantes aos dos artistas, isto é, apesar de tentar representar as formas geométricas de maneira espacial, não ia além de uma convenção planimétrica do espaço, concebendo,

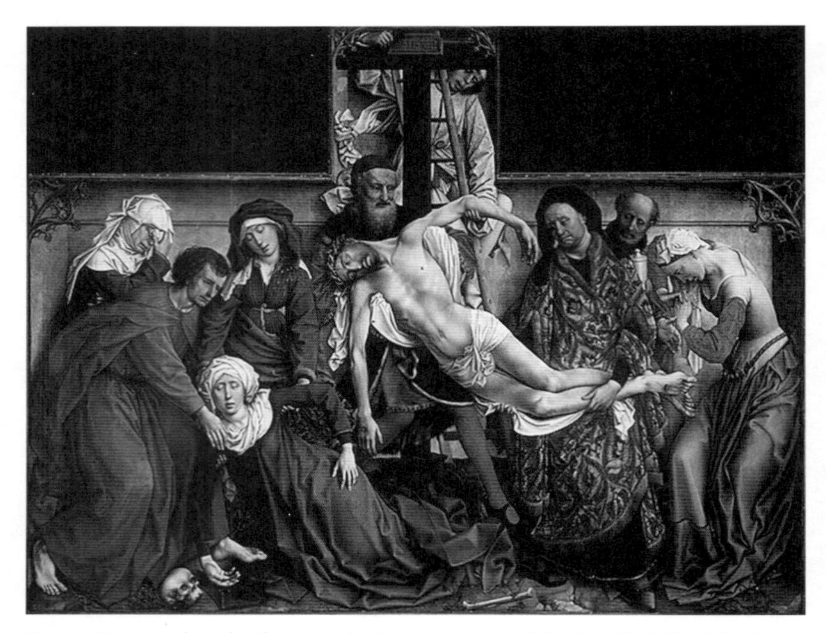

Figura 12 – *A descida da cruz*, de Rogier van der Weyden (1435/1436). Fonte: Stahel, 1996, p. 491.

assim, um sistema de ordem e medida calcado na deformação dos objetos e em sua projeção sobre um plano. Para Granger,[10] o matemático Desargues tinha um método de projeção e de construção perspectiva que era uma transformação e que permitia passar do espaço ao plano. Entretanto, de fato, era apenas uma deformação particular dos comprimentos. Por outro lado, ainda segundo Granger,

> [...] o matemático Descartes dizia que os problemas de geometria facilmente podem ser reduzidos a termos tais que, depois disso, só haveria necessidade de conhecer o comprimento de algumas linhas retas para poder construí-los.[11]

É evidente que, quando se referiam a comprimento, Desargues e Descartes se importavam apenas com as distâncias que se desdobravam em duas direções, comprimento e largura, remetendo-nos definitivamente ao plano. Se verificarmos as obras desses dois autores, como também as de outros matemáticos a eles contemporâneos, notaremos que a percepção espacial matemática da época era fundamentalmente bidimensional. Eles definiam conceitos e operavam com modelos que tinham suas bases em signos geométricos extraídos da Antiguidade Clássica. A geometria e suas projeções, tanto na arte quanto na matemática, eram de concepção euclidiana, a única forma conhecida de representar o mundo por meio das imagens visuais nas pinturas e de interpretar os espaços matemáticos.

3.3 O CICLO INDUSTRIAL MECÂNICO

O homem deixava de ser passivo e iniciava um processo de imposição de relações lógicas ao universo que o cercava. O sistema artesanal de produção gradativamente dava lugar à produção em série, imprimindo cada vez mais velocidade ao nosso sistema produtivo e, consequentemente, à nossa percepção.

Nossos sensores, antes baseados na *díade olho-mão*, passam a se apoiar agora na *díade homem-máquina*. Dividíamos com as máquinas a autoria dos produtos criados. A partir desse ciclo, fomos obrigados a nos especializar em áreas de conhecimento, visto que somente assim acreditávamos poder conhecer o universo que nos cercava. Nesse momento, segmentávamos tudo, o conhecimento se fazia pela compreensão das partes e a união delas nos levaria à compreensão do todo de nosso sistema produtivo. Fragmentávamos e imprimíamos velocidade ao conhecimento, à produção e à percepção.

Por outro lado, a racionalidade levada ao extremo produzia um pensamento calcado no inconsciente humano. Em um primeiro instante, isso parecia ser contraditório, porém passávamos a não ficar nada surpresos ao admitirmos que os sonhos diziam muito mais a nosso respeito do que poderíamos perceber conscientemente. O homem via que a máquina lentamente passava a ser um importante meio de produção e assim, conforme Benjamin, consolidava-se a industrialização mecânica como período da "reprodutibilidade técnica".[12] Ao implantar-se o novo processo de produção de bens, em que o trabalho das máquinas acrescenta velocidade ao sistema produtivo, redirecionamos nossas percepções e ações no mundo. Os produtos eram executados um a um, para determinado patrono, e ganhavam novas características; logo, a civilização industrial introduzia a serialidade em seu sistema produtivo.

Nas artes, podemos verificar que Pieter Bruegel estava preocupado com a vida dos povos humildes e os costumes populares. Caravaggio, por sua vez, colocava São Mateus como cobrador de impostos dentro de uma taberna, tratando os temas sagrados cotidianamente. David retratava Marat, chefe político da Revolução Francesa, assassinado dentro de uma banheira por sua secretária. Goya expunha a família de Carlos IV a uma situação de deboche, pintava todos os membros da Família Real como se fossem um bando de fantasmas e ainda destacava o rei, dando-lhe a cara de ave de rapina. Ingres, com o mesmo realismo de David, pintava o burguês Louis Bertin em uma tela com grande profundidade psicológica. Assim, vemos que todos os artistas plásticos estavam mudando e inovando em suas produções.

De outro lado, procurando compreender a luz como fenômeno em si, a fotografia passava a capturar o momento real vivido, enquanto a pintura tentava compreender, conceitualmente, como se comportava a luz diante dos olhos. Nasciam os movimentos artísticos: impressionista, expressionista e pontilhista (Figura 13). Eles poderiam ser sintetizados nas obras de Manet, Monet, Degas, Renoir, Van Gogh, Gauguin, Toulouse-Lautrec, George Seurat e Paul Signac. Na pintura *O palácio papal de Avignon*, de Paul Signac, Figura 13, que faz parte do movimento pontilhista, verificamos a representação do movimento em pontos, e, entre outras formas de significar, os artistas estavam representando o que poderia ser a captura do efêmero, do imaginário, da tensão, do movimento, da luz e do instantâneo em suas obras.

Figura 13 – *O palácio papal de Avignon*, de Paul Signac (1863). Fonte: Stahel, 1996, p. 430.

Nem bem chegávamos ao ápice da industrialização mecânica, caminhávamos em direção a seu esgotamento por meio dos movimentos cubista, concretista, futurista e suprematista. Todos tinham como tema central o abstracionismo, isto é, os artistas queriam suas obras representando a si mesmas, sendo o puro real, e não mais a representação de algo. A obra em si passava a ser o próprio objeto real e concreto, nada representando a não ser ela mesma.

Voltando nossa atenção para a matemática, verificamos que essa ciência estava preocupada com a teoria das probabilidades, refletindo as certezas e as incertezas desse universo que, a partir daquele momento, passavam a ser percebidas em constante movimento e diante de uma infinidade de contradições. A teoria das incertezas observava os eventos pelas repetidas vezes que eles aconteciam, traduzindo em quantidades numéricas as possibilidades de ocorrência de um fenômeno. Ao analisarmos essas questões na probabilidade e no cálculo diferencial e integral, éramos conduzidos ao seio da percepção sistêmica na matemática, uma das principais questões da Modernidade. Esse conceito, se levado às últimas consequências, mostrava a dialética presente na matemática.

A análise diferencial e integral, desenvolvida nessa época, fundamentava o pensamento de muitos matemáticos, inclusive do físico Newton. A matemática chegou a uma consistência sistêmica tão profunda que Euler, com apenas uma fórmula, conseguiu compatibilizar quase toda a matemática conhecida até aquele momento.

A expressão algébrica a seguir reúne em seu interior princípios do cálculo diferencial e integral, da teoria das probabilidades, da teoria das séries, da teoria das funções, da álgebra e também da filosofia matemática.[13]

$e^{\pi i} = \cos\pi + i.\text{sen}\pi = -1$ ou $e^{\pi i} + 1 = 0$

Todos os ramos do conhecimento matemático, de algum modo, poderiam ser identificados nessa fórmula. Além disso, ela possui uma aura misteriosa, pois consegue abrigar em seu interior a relação entre as cinco constantes mais importantes de toda a análise matemática: *e*, *π*, *i*, *0 e 1*.[14]

Neste momento, para melhor compreendermos o princípio sistêmico que toma conta do raciocínio matemático e a busca de uma unidade estrutural em todo ele, consideremos novamente a geometria euclidiana e seus cinco axiomas:

Axioma 1 – dois pontos quaisquer do espaço podem ser unidos por uma e somente uma reta;

Axioma 2 – qualquer segmento de reta pode ser prolongado indefinidamente;

> Axioma 3 – um círculo pode ser traçado por qualquer ponto do espaço como centro, e um raio também qualquer, porém determinado em comprimento;
> Axioma 4 – todos os ângulos retos são iguais;
> Axioma 5 – se duas retas, em um mesmo plano, são cortadas por outra reta, e se a soma dos ângulos internos de um lado é menor do que os dois retos, então as retas se encontrarão se prolongadas suficientemente do lado em que a soma dos ângulos é menor do que dois ângulos retos.[15]

Desde Euclides,[16] com sua axiomatização, os matemáticos procuravam uma estrutura única para a geometria poder representar o conhecimento matemático. Euclides, matemático grego, elaborou *Os elementos*, tratado matemático e geométrico consistindo de 13 livros na Alexandria por volta de 300 a.C. De fato, desde os gregos, os estudos realizados sobre os cinco axiomas de Euclides sempre confirmaram a consistência desse sistema, o que perdurou até o final do século XIX.

Os axiomas de 1 a 4 são triviais, intuitivos e tratam de conceitos geométricos de fácil percepção. Não formulam questões mais profundas sobre a geometria euclidiana. O quinto axioma de Euclides, o mais conhecido deles, o das retas paralelas ou das perpendiculares, sempre despertou o interesse de todos os matemáticos, principalmente no século XIX, que, no intuito de deduzi-lo logicamente a partir dos anteriores, fazem nascer a geometria não euclidiana. Assim, a tentativa de provar a consistência sistêmica da geometria euclidiana levaria o homem a descobrir novas estruturas geométricas a partir de outras estruturas axiomáticas.

Conhecidas como geometrias imaginárias e atribuídas ao matemático russo Nicolai Lobachevsky, as geometrias não euclidianas surgem a partir da tentativa de demonstração do quinto axioma de Euclides. Na impossibilidade de realizar essa dedução por princípios lógicos, os matemáticos encontraram outros espaços topológicos de representação. Hoje, são conhecidas as geometrias não euclidianas: hiperbólica, elíptica e parabólica. Elas são atribuídas aos matemáticos Nikolai Ivanovich Lobachevsky, János Bolyai e Georg Friedrich Bernhard Riemann.

No começo do século XX, com procedimento semelhante ao que permitiu a criação das geometrias não euclidianas, encontramos outra contradição matemática que vai reformular os conceitos matemáticos. Georg Cantor, trabalhando na teoria dos conjuntos, em particular sobre a "cardinalidade" dos conjuntos finitos e infinitos, apresenta-nos a noção de infinidades na matemática e o conceito de conjuntos não cantorianos. Essa questão está intimamente relacionada à noção de quantidade de elementos em um conjunto e, mais precisamente, deve ser associada à ideia de vizinhança na matemática.

Os elementos de séries matemáticas infinitas podem ser ordenados, isto é, podemos colocar os números, uns ao lado dos outros, criando uma sequência infinita de números, determinando, assim, a enumeração de conjuntos de números infinitos. Com a introdução desses princípios, na geometria e na teoria dos números, constatamos que os matemáticos, assim como os artistas, substituem a concepção intuitiva do espaço euclidiano, aceita há séculos, por uma concepção em que a intuição é primitivista, topológica de caráter sensível. Para o matemático Henri Poincaré, os axiomas que estruturam as geometrias são convenções, isto é, "são escolhas feitas entre todas as convenções possíveis que devem ser orientadas pelos dados experimentais, mas que permanecem livres, sendo limitadas apenas pela necessidade de evitar qualquer contradição".[17]

A partir da negação do quinto axioma de Euclides e da introdução do conceito de conjuntos não cantorianos, desvinculamos nossa percepção espacial matemática das geometrias, e, assim, auxiliados pela teoria axiomática, somos levados a operar matemática e geometricamente num patamar em que as generalizações são nossa principal ferramenta. A matemática deixa de ser construída por modelos que possuem características fortemente intuitivas e passa a ser fundamentada nas teorias axiomáticas e no conceito vetorial que vai permitir construir modelos absolutamente abstratos e totalmente desvinculados do mundo real. Eles são baseados em signos, operações e estruturas, na maioria das vezes, impossíveis de associar às coisas da percepção intuitiva.

Por outro lado, olhando as artes plásticas, verificamos que duas formas de expressões sobressaíam. A primeira estabelecia relações com o mundo do inconsciente e tinha, em seu principiar, expoentes como Henri Matisse, Gustav Klimt e Oskar Kokoschka e suas pinturas retratando o *fin de siècle*, suas angústias e distorções. Essa forma de conduta podia ser reconhecida no movimento artístico dadaísta, que, por meio da deformação deliberada dos objetos representados, determinava uma forma de protesto contra a civilização industrial. O movimento surrealista acreditava que suas produções eram relativas às percepções do psiquismo e podiam exprimir o verdadeiro processo do pensamento. Para eles, isso ocorria independentemente do exercício da razão e de qualquer finalidade estética ou moral atribuída aos trabalhos.[18]

A segunda forma expressiva, denominada arte abstrata, manifestava-se nas correntes cubista, construtivista, futurista, suprematista, neoplasticista e concretista. Seu expoente inicial foi o artista Cézanne, que acreditava que a arte era a representação de si mesma. Em seguida, na Europa, vieram Kandinsky, Picasso e Braque. Na Rússia, encontramos a arte abstrata nos trabalhos de Malevich, Gontcharova, Rodchenko e outros. Um dos maiores expoentes dessa forma de expressão artística, e que editava a revista *De Stijl* – especializada nesse tipo de arte –, era o artista plástico Piet Mondrian. Para todos eles, a arte abstrata era o puro real em si, e não mais representação dos objetos do mundo. Ela era o próprio objeto concreto, não representava nada, a não ser a si mesma.

No entanto, quem melhor exemplificou a geometria de Lobachevsky, Bolyai e Riemann foi o artista gráfico holandês Maurits Cornelis Escher, conhecido por representar os espaços geométricos não euclidianos (elíptico, parabólico e hiperbólico) por meio de suas xilogravuras e litografias. As imagens produzidas por ele apresentam situações paradoxais, como foi ilustrado na Figura 14, que é o Cubo Impossível.

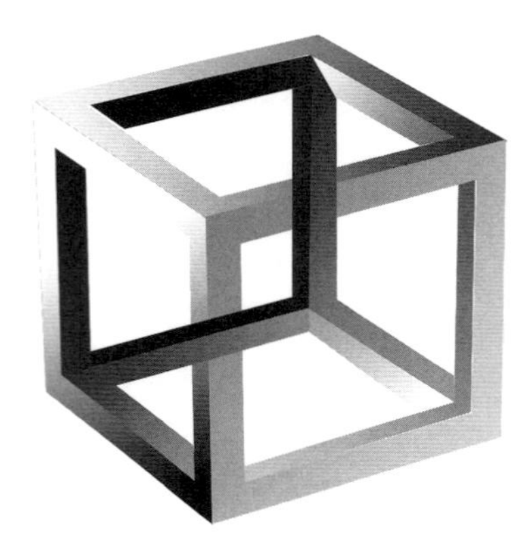

Figura 14 – Cubo de Escher. Fonte: Os autores.

Escher explora os espaços infinitos e as metamorfoses das representações sígnicas dos espaços geométricos não euclidianos. Ele elabora seus desenhos e impressões representando os modelos matemáticos pensados pelos matemáticos Möbius (faixa de um lado só) e Klein (garrafa de Klein).

Essas duas vertentes de representação, uma marcada pelas características psíquicas e mentais – o surrealismo – e a outra, pelas formas abstratas de representação pictórica – o abstracionismo –, caracterizavam a produção artística no final do período industrial mecânico. No entanto, a evolução dessas duas ideias determinou, significativamente, toda a produção artística do período que vivemos atualmente: o período eletroeletrônico e digital.

Assim, surgiu um movimento artístico que se concretizou na Inglaterra e nos Estados Unidos por meio da *Pop Art*. Ele foi o primeiro de uma série de outros movimentos marcados por uma continuidade dos princípios psíquicos e abstracionistas, do fim do período industrial mecânico. De fato, a partir desse momento, apresentaram-se vários caminhos para a arte. Efetivamente, identificamos obras sendo produzidas pela *op-art*, arte conceitual, arte-objeto, *happenings*, instalações, videoarte, *sky-art*, enfim, uma infinidade de linhas de pensamento artístico, definidas de maneira bem particular em relação a seus suportes de representação, todas em busca de uma visualização da unicidade orgânica dada pela linguagem sobre a qual estávamos produzindo conhecimento.

Desse modo, encontramos Picasso com um grande número de obras que explicitaram suas metamorfoses e sua fecundidade inesgotável e ininterrupta,[19] apresentando uma das características marcantes da Modernidade. Encontramos a serialidade nas diversas formas de produção, inclusive nas produções artísticas e matemáticas. Duchamp, de seu lado, que é considerado o autor de uma única obra (*O grande vidro e o livro verde*), nega a pintura moderna fazendo dela uma ideia, um conceito, não concebendo a pintura como uma arte apenas visual. Segundo observou Paz, em seu livro *Marcel Duchamp ou o castelo da pureza*, Duchamp realizou uma pintura-ideia, e seus *ready-made* constituíam-se em "alguns gestos e um grande silêncio".[20] Para esse autor, essas eram as verdades e os conceitos nos quais Duchamp enfatizava sua crítica à sociedade em que vivia e elaborava sua negação à pintura na Modernidade.

3.4 O CICLO INDUSTRIAL ELETROELETRÔNICO E DIGITAL

O homem descobre a energia elétrica, e com ela nosso paradigma de percepção altera-se novamente. Agora, apoiados nos meios eletroeletrônicos e digitais de produção, somos atingidos em nossos pensamentos pelas diversas formas de energia, em particular pela energia elétrica, que nos encaminha em direção à luz e à velocidade da luz e aos elementos que ela nos faz perceber.

A energia está em tudo o que fazemos ou pensamos: na geração da força mecânica por meio das bobinas, na eletricidade que consumimos em nossas casas, no armazenamento dos dados por intermédio dos suportes magnéticos, na transmissão e na recepção de informações do mundo digital, enfim, em todas as partículas do universo onde o elétron, o próton e o nêutron estão presentes. De fato, a velocidade de processamento a que somos submetidos, aliada aos mecanismos de armazenamento da informação, expõe-nos às novas características e aos novos paradigmas. A partir de agora, interatividade, velocidade de processamento, conhecimento e decisão são elementos primordiais do processo produtivo e estão incorporados aos novos meios de produção atual. Detém o poder quem detém as informações, e detém as informações quem detém o domínio sobre os *softwares* e os *hardwares*.

Para melhor compreendermos o estágio em que nos encontramos, ainda em formação, é necessário relembrarmos que a memória embutida em nossos equipamentos, aliada à automação de nossas máquinas, acrescenta velocidade ao que fazemos, permitindo maior rapidez, eficiência e expondo a humanidade a uma intensa troca cultural. Logicamente, essas modificações perceptivas não aconteceram de uma só vez, nem se configuraram instantaneamente; as mudanças de paradigma fazem parte de um processo de elaboração que define o uso das diversas linguagens das mídias, ao mesmo tempo que é definido por ele. Assim, para compreendê-lo, é necessário que retomemos valores e pensamentos de nossa história, a fim de observarmos os processos de mudança que interferiram em nossos paradigmas atuais.

Em meados dos anos 1900, vamos encontrar, nos Estados Unidos, a *Action Painting*, destacando-se os trabalhos de Jackson Pollock sobre telas. Ele utilizava os gestos e o acaso para criar seus trabalhos, assim como Duchamp, quando incorporou a seu *O grande vidro* a quebra casual de uma de suas peças centrais, modificando a interpretação da obra. O artista americano Pollock foi um dos principais representantes da pintura gestual e afirmava que no chão é que ele pintava à vontade; ali, sentia-se mais próximo da pintura; fazia parte dela; trabalhava em suas obras dos quatro lados e, literalmente, estava dentro da pintura.

Sem dúvida, nesses dois relatos identificamos as marcas da energia humana e da natureza sendo incorporadas aos trabalhos de arte do período eletroeletrônico. O ato de pintar telas no chão e o vidro quebrado do trabalho de Duchamp estão repletos de ação, movimento e vitalidade. Pintar, para Pollock, significava observar sua elaboração nos vários ângulos possíveis e, estando na tela, no chão, isso era possível. Destacam-se aqui apenas a *Action Painting* e a *Pop Art,* dois movimentos basicamente americanos de artes plásticas. Enfim, está decretada a maioridade internacional da arte americana,[21] pois o poder havia muito lhes pertencia. Após o fim da Segunda Guerra Mundial, quando os americanos – que haviam se unido à luta dos Aliados contra os países do Eixo – saem vitoriosos, vemos crescer, significativamente, a produção americana em todas as áreas de conhecimento, em particular nas artes.

Podemos dizer que a *Pop Art* é uma das expressões desse poder. Suas imagens e representações estão baseadas nos meios de comunicação de massa da sociedade americana. Assim, negando a negação dos "ismos", a *Pop Art* não é antimoderna, é pós-moderna. Ainda, contrária ao dadaísmo, não é motivada por qualquer desespero ou repulsa com relação à civilização, mas, sim, pela exaltação de seus modelos. Os artistas da *Pop Art* privilegiam as reproduções em série, por exemplo, as histórias em quadrinhos. Exploram positivamente todos os valores da sociedade de consumo. A simulação do mundo real também é uma das características desse movimento de arte. Os artistas constroem objetos plásticos em tamanho natural.

Os trabalhos do artista e escultor Duane Hanson, que modelava as pessoas, consistiam em esculturas humanas em tamanho natural, as quais eram verdadeiras réplicas do modelo real. Assim, as características da sociedade que produz para as massas são levadas ao extremo, como mostra a Figura 15.

Figura 15 – *Man on a Bench*, de Duane Hanson (1977); polivinil policromado a óleo e mídia mista com acessórios. Fonte: Saatchi Gallery, em Londres.

Efetivamente, as artes, desde os *ready-made* de Duchamp até a computação gráfica e as redes informatizadas, operam sobre ideias, conceitos e signos com base nas produções eletroeletrônicas, num primeiro instante, e, agora, nos meios digitais. As criações nas artes plásticas e na matemática geraram objetos e estruturas concebíveis apenas na mente humana. Em coautoria com a máquina, o homem, a partir desse instante, elabora seus signos artísticos, conferindo novas formas e novos significados a suas produções.

Tudo se transforma em meios de comunicação. Todos os sistemas de representação são possíveis, e os objetos permitem que deles possamos extrair todas as interpretações possíveis e imagináveis. Hoje, os meios de produção são observados como linguagem de comunicação, na qual os diferentes discursos são exequíveis. De acordo com Santaella,[22] qualquer interpretação depende dos referenciais que a sustentam e também do pensamento que a interpreta.

Observamos que, entre as possíveis interpretações que poderiam ser realizadas, há aquelas relacionadas às estruturas lógicas das linguagens visuais e suas possíveis relações com a linguagem matemática. Segundo Machado,[23] a codificação eletrônica da imagem é feita por meio de pontos e retículas de informações básicas de cor, tonalidade e saturação que a nossos olhos aparentam realidade, mas o mundo real externo é mais do que isso, e nós sabemos. Ele ainda afirma que as "articulações de níveis abaixo da imagem",[24] que se estabelecem nas retículas das telas das televisões e nos *pixels* dos computadores, não apresentam o mundo real, por mais próximas que pareçam estar dele. A lógica matemática, em particular a desenvolvida por Boole, estrutura nossas imagens digitais por meio dos *bytes* e de um sistema numérico binário, em que 0 e 1 representam a passagem ou não da energia pelos circuitos dos computadores, demonstrando que a visualidade gerada pelas novas mídias eletrônicas está totalmente vinculada à lógica dos modelos matemáticos.

Isso nos conduz diretamente ao mundo dos números e dos espaços que, ao refletir sobre o método axiomático, conhecido desde Euclides, definitivamente está às voltas com discussões abstratas e lógicas. Karl Weierstrass, George Cantor, Heinrich Eduard Heine, Julius Wilhelm Richard Dedekind e muitos outros matemáticos formularam conceitos sobre a álgebra abstrata, a aritmetização da matemática, o método hipotético-dedutivo, a teoria dos espaços de Riemann, a geometria diferencial e a evolução da lógica. Hilbert, em busca de elucidar a natureza do infinito, propõe a consistência total dos modelos. No entanto, o "Teorema da Incompletude", de Kurt Gödel, mostra que isso não é possível. Os modelos tornam-se inconsistentes quando tentamos generalizá-los em suas infinitudes.

A partir dessa demonstração, Gödel encerra com a proposta de Hilbert de encontrar uma linguagem e uma lógica que sejam capazes de formalizar todas as teorias matemáticas. Efetivamente, a matemática rende-se à lógica. Nesse instante, surgem profundas reflexões a respeito do pensamento lógico e de uma nova postura referente à natureza da matemática.

Frege e Peirce introduziram uma fértil discussão na matemática. O primeiro acreditava que poderia deduzir a matemática da lógica e, assim, tentou mostrar que todas as expressões aritméticas, portanto a matemática, poderiam ser definidas em termos lógicos. Para tanto, ele encaminhou um raciocínio que pretendia "mostrar que todas as expressões aritméticas significam o mesmo que uma expressão lógica".[25] Para o filósofo, lógico e matemático Peirce,

> [...] a verdadeira lógica está baseada numa espécie de observação do mesmo tipo daquela sobre a qual se baseia a matemática, e essa é quase a única, se não a única, ciência que não necessita de auxílio algum de uma ciência da lógica.[26]

Por conseguinte, a lógica definitivamente ocupa seu espaço no mundo matemático, e Tarski, Turing, Church, Zermelo e muitos outros vão iniciar uma discussão que até hoje permanece entre nós: será que o objeto matemático sempre se refere a algo do mundo real? De fato, constatamos que a lógica e os modelos abstratos tomam conta das reflexões nessa ciência, e pensadores como Cauchy, Abel e Weierstrass discutem seus fundamentos de edificação, tratando de encontrar apoios sólidos para a aritmética, a álgebra, o cálculo diferencial, o cálculo integral, enfim, para toda a análise matemática.

O método axiomático é o caminho lógico para a aritmetização da análise, em que a noção de espaço vetorial transforma nosso modo de perceber, operar e pensar sobre as geometrias. A "dissociação entre objetos e operadores" passa a ser o principal aspecto "para a constituição de uma estrutura vetorial".[27] Riemann afirma que devemos pensar a geometria sem ser por pontos, e isso nos leva "à curvatura dos espaços riemannianos", sem a qual a teoria da relatividade de Einstein não poderia ter existido. Por outro lado, o famoso "conceito de Cortes de Dedekind" estabelece uma separação entre a análise matemática e a geometria, e, então, passamos a formular nossas teorias com bases realmente abstratas e lógicas.

Devemos lembrar, ainda, da "teoria das catástrofes", de René Thom, que, com seus modelos, estabelece a projeção do descontínuo sobre o "real", um espaço imaginário que reflete acerca dos modelos e do princípio da continuidade. Operando sobre espaços integralmente abstratos, na teoria axiomática e nos procedimentos da lógica, os Bourbakis, grupo de matemáticos que elaboraram trabalhos em busca de uma formalização do conhecimento nessa ciência, desejaram substituir os cálculos matemáticos por ideias. Assim, afirmaram que "o que o método axiomático fixa como objetivo principal é exatamente o que o formalismo lógico por si não pode fornecer, ou seja, a inteligibilidade profunda matemática".[28]

Na matemática, algo semelhante está ocorrendo; os conceitos e fundamentos modernos da álgebra, aliados às topologias, aos espaços vetoriais e à teoria axiomática, geram a álgebra homológica, que "é o desenvolvimento da álgebra abstrata que trata de resultados válidos para muitas espécies diferentes de espaços".[29]

Claramente, não esgotamos todos os fundamentos, conceitos e conhecimentos matemáticos da atualidade, tampouco pretendemos fazê-lo, dada a extensão dessa área de conhecimento. No entanto, ao concluirmos esse pequeno resumo sobre as formulações matemáticas, devemos destacar que, hoje, encontramos inúmeras formas lógicas de proceder: a lógica clássica, a lógica difusa, a lógica paraconsistente desenvolvida, entre outros, pelo brasileiro Newton da Costa. Enfim, identificamos inúmeros modelos lógicos que nos permitem mostrar a infinidade de interpretações possíveis que estão diante de nós, inclusive aquela que, até há pouco, acreditávamos ser única: a lógica.

Tanto na matemática quanto nas artes plásticas, nossos sistemas e linguagens, de agora em diante, colocam-se em face de uma "crise de representação" generalizada; portam-se como se estivessem esfacelados, mas, na verdade, apenas deixam claro que, por meio de nossa percepção, os fenômenos naturais e culturalmente construídos organizam-se segundo modelos que, às vezes, não estão totalmente determinados para nossos sentidos, embora possuam características que possivelmente se estruturaram a partir de novos modelos de observação que concebemos, num processo contínuo de produção de conhecimento, uma metodologia de investigação científica.

Os novos meios de comunicação geram novos signos, os quais, por seu turno, permitem novas possibilidades de significação. Assim, se pretendemos viver intensamente os dias de hoje, devemos estar em busca da compreensão dos significados desses signos que cada vez mais abrem suas portas à interação do homem com tudo aquilo que está a seu redor, sobretudo o que pode ser concebido em sua mente. Entre esses meios, destacamos aquele que, hoje, mais nos atinge, isto é, as novas mídias com seus "códigos de baixo nível", seus *pixels*, sua lógica binária ordenada, segundo Boole, estruturando logicamente modelos, algoritmos e princípios matemáticos irremediavelmente incorporados aos atuais meio de comunicação; as imagens da computação gráfica simulando objetos que em realidade não existem, por meio das codificações matemáticas, conduzindo-nos aos novos paradigmas de percepção do período eletroeletrônico. Esse processo de elaboração de conhecimento propicia-nos unir a produção e o consumo desse meio num princípio único, simulando, por intermédio dessas máquinas eletrônicas, ambientes que estão relativamente próximos àqueles estabelecidos pelo nosso sistema nervoso central.[30]

Hoje, olhando para nossas produções como elos de um processo cognitivo único, em que mente e mundo fazem parte de um mesmo ecossistema, verificamos que convivemos, intimamente, com a lógica binária e com o mundo digital, e, assim, as artes e a matemática unem-se em busca de suas similaridades.

O perfil produtivo do momento que vivemos está apoiado nos conceitos e procedimentos lógico-matemáticos de nossos equipamentos digitais e associado aos novos modos de representação que as diferentes linguagens de comunicação permitem. Os signos matemáticos, cada vez mais, fazem parte e organizam os fundamentos lógicos de todas as outras formas de linguagem do homem.

Detém o poder quem detém os programas dos computadores, que, ao mesmo tempo que processa o cálculo para o lançamento das espaçonaves, modela os objetos imaginados pelo homem. Pelos meios eletroeletrônicos e digitais de produção, com sua capacidade de armazenar e processar rapidamente as informações, podemos simular vários ambientes, inclusive aqueles concebidos mentalmente por nós.

Hoje, acrescentamos um elemento novo às nossas elaborações lógicas, isto é, a capacidade de simular praticamente tudo ao nosso redor, inclusive a mente humana, através dos programas computacionais e da utilização dos princípios que norteiam a Inteligência Artificial (IA).

Associadas à IA, encontramos as redes neurais, que, com os sistemas de Interfaces de Programação de Aplicação (API), têm a capacidade de aprender, identificar e gerar padrões que possibilitam apresentar resultados que, de forma muito ágil, dão respostas com base em modelos estatísticos e na capacidade de processamento quase que instantâneo das máquinas computacionais.

Apesar de as formulações nessa área encontrarem-se no início, podemos perceber que a criação de aplicações computacionais que se utilizam da IA necessita de plataformas e programas computacionais complexos e de pessoas especializadas para tratarem desses ambientes. A IA ainda precisa da interação humana; de alguma forma, os programas que têm a capacidade de aprender são gerados pelos seres humanos.

Ainda a respeito do conceito de simulação, de acordo com Sogabe, o poder desses ambientes, unido aos signos matemáticos e lógicos de nossas linguagens de programação, revela-nos "imagens-síntese", imagens em processo que "não representam nada e não têm qualquer tipo de contato físico com algo preexistente: são apenas uma série de informações numéricas"[31] geradoras de ambientes ficcionais que buscam simular o mundo real, mas que também criam ambientes imaginários sem qualquer relação com a realidade.

As imagens geradas por esses meios não nascem de algum tipo de percepção visual sensível à luz, bem como não fazem referência a qualquer objeto real existente. Cada vez mais, trata-se de simulações e representações de objetos abstratos que existem apenas em nossas mentes, assemelhando-se, em muito, aos signos matemáticos. A possibilidade de geração de um número infinito de simulações, uma das características de nosso tempo, evidencia um grande quantitativo de similaridades entre essas duas linguagens.

A partir de agora, observamos que esses signos estão relacionados às questões da visualidade das representações concebidas diante das novas tecnologias que, em suas características fundamentais, estão intrinsecamente ligadas aos objetos matemáticos. Essas formas de linguagens, na medida em que estão estruturadas em axiomas, conceitos e princípios lógicos utilizados na matemática, são semelhantes a ela. De fato, o foco deste capítulo foi analisar quanto de matemática há nessas representações humanas, em particular quanto de matemática há nos signos visuais gerados pelos artistas.

Encontramos vários autores analisando imagens geradas pelas novas mídias eletrônicas como "imagens sem olhar",[32] aquelas que se concretizam por meio de processamentos numéricos dos computadores; "imagens sintéticas", herdeiras ao mesmo tempo da matemática e da arte; imagens que geram uma "ordem visual numérica",[33] ou, ainda, "imagens em potencial" e "imagens-síntese", todas elas dando ênfase ao caráter abstrato, lógico e virtual desses modelos de representação. Apesar do grande número de textos que tratam desse tema, pelos diferentes ângulos de percepção e interpretação, verificamos em nossa pesquisa bibliográfica que existem pouquíssimos estudos discutindo as imagens tendo como foco os aspectos matemáticos e topológicos, como abordamos neste capítulo.

As tecnologias emergentes trazem embutido em sua lógica de construção o conhecimento que, fundamentalmente, está presente na ciência matemática.[34] Os computadores iniciaram processando informações a partir de uma lógica binária que, em última instância, pode ser considerada como representação numérica de impulsos elétricos, em que o 0 representa o instante em que não passa energia nos cabos e circuitos de nossas máquinas, e o 1 significa o oposto disso. Com efeito, estamos observando um princípio lógico que dá suporte às novas mídias eletrônicas em seu nascimento, oriundas do mesmo universo simbólico que é a matemática.

Verificamos algumas modificações nesses princípios. Depois da demonstração do "Teorema das Quatro Cores" e do "Teorema de Classificação dos Grupos Finitos Simples", devemos estar atentos aos vários tipos de computação não convencionais que começam a tomar conta de nossas formas de produção. Esses novos processamentos lógicos baseados em princípios diferentes da lógica clássica, assim como a lógica *fuzzy*, a paraconsistente, a quântica e a computação baseada no DNA, modificam nossos paradigmas. Entre os mais recentes choques cognitivos, dos quais nos fala Marcus,[35] encontramos aquele que resulta da marginalização da energia por meio da informação. Esse processo vem sendo desenvolvido por Kolmogorov e Chaitin, com base na teoria da informação do algoritmo.[36]

Hoje podemos dizer que, diante das novas mídias e dos vários princípios lógicos que podem ser elaborados pelos nossos *softwares*, passamos a conviver com a possibilidade de criar novos ambientes de percepção, nunca antes idealizados. Assim, através dos computadores, das novas lógicas na linguagem de programação, como o *Processing*, e de uma grande variedade de formas de visualizar ambientes virtuais, podemos simular situações com as imagens sintéticas impossíveis de construir longe desse universo digital.

Ao analisarmos essas imagens, sabemos estar lidando com uma vasta gama de conhecimento. Assim, finalizando os aspectos que queremos ressaltar neste capítulo, ainda que de maneira vaga e intuitiva, sabemos estar diante de fenômenos que apresentam um nível de complexidade muito elevado e com características bem mais abrangentes do que podemos estabelecer neste livro. No entanto, nosso objetivo foi o de realizar uma abordagem semiótica do signo matemático com ênfase nas questões lógicas da visualidade perante os novos meios de produção e, com isso, contribuir para atingir novos níveis de complexidade mediante as análises que realizaremos das representações visuais dos modelos matemáticos.

Como já foi dito, as imagens computacionais são elaboradas e, em seguida, destruídas, cedendo lugar àquelas que as irão substituir; elas existem durante o tempo de processamento e de exposição em nossos sistemas de percepção. Trata-se de "imagens em processo" ou "imagens virtuais" de modelos lógicos intrinsecamente ligados às novas mídias. Finalizando os aspectos que pretendemos analisar neste capítulo, ressaltamos que, de maneira secundária, mas não menos importante, devemos observar imagens fractais, dos grafos de modo geral e dos grafos existenciais de Peirce que nos conduzem às belezas explicitadas nas formas e nos raciocínios lógicos e na estética dessas formas, como veremos no capítulo 6.

As imagens matemáticas que foram abordadas na tese de doutorado de Hildebrand[37] são concepções visuais em processo que adquirem valores diferenciados quando são compreendidas relacionadas às linguagens que as geram. Identificar esses aspectos associados às novas tecnologias leva-nos a conectar três realidades aparentemente distintas: em primeiro lugar, a questão da visualidade dessas imagens que, pelo processo criativo, expõem características diagramáticas; em segundo lugar, a questão operacional da construção da linguagem matemática em si; e, em terceiro lugar, os aspectos mentais e simbólicos necessários na realização desse tipo de conhecimento.

3.5 Saiba mais

Existem diversos livros que tratam da relação entre matemática e arte. O livro de Dirceu Zaleski Filho faz uma revisão da história da matemática e da história da arte e apresenta uma nova proposta pedagógica para a educação matemática:

ZALESKI FILHO, Dirceu. *Matemática e arte*. Belo Horizonte, Autêntica, 2013.

Luiz Barco produziu na TV Cultura a série de documentários "Arte e Matemática", que trata das relações entre matemática e arte. A série é composta por 13 episódios, que estão disponíveis em uma *playlist* no YouTube. No *site* da TV Cultura também se encontra material adicional: entrevistas com cientistas e artistas; material educacional para ser utilizado com os episódios; um mural com pequenas biografias de autores e com algumas obras de artistas citados na série; e um conjunto de pequenas explicações dos conceitos centrais abordados:

BARCO, Luiz. *Arte e matemática*, 2001. Disponível em <https://www.youtube.com/watch?v=AxYCY2-KvB8&list=PL-j7c0qbu3cfR5VTdcsHu_t7kN3kK_Dvh>. Acesso em 20/4/2019.

3.6 Atividades a serem desenvolvidas

Atividade 1: Você concorda com a ideia de matematização da ciência? Justifique.

Atividade 2: Identifique quais são as máquinas de Leonardo da Vinci. Apresente pelo menos cinco projetos criados por ele detalhando cada máquina e suas finalidades. Visite o *website* do Museo Nazionale della Scienza e della Tecnologia Leonardo da Vinci (<www.museoscienza.org/leonardo/collezione.asp>) e apresente pelo menos uma curiosidade sobre as máquinas de Leonardo da Vinci e suas relações com a matemática. Justifique.

Atividade 3: Piero Della Francesca utilizou as proporções matemáticas para realizar suas obras, particularmente a *Sacra Conversazione*, de 1472, que está exposta na Pinacoteca de Brera, em Milão. Já Salvador Dalí, influenciado por Piero Della Francesca, também produziu obras surrealistas usando várias proporções matemáticas. Verificamos essas proporções nos elementos matemáticos que se destacam. Ver referência das imagens no texto de Alonso *et al.* (2002) no *website:*

HILDEBRAND, Hermes Renato. *Website Hermes Renato Hildebrand*, 2019. Disponível em <www.hrenatoh.net/curso/textos/Geop05_Geometria_Piero_Dali.pdf>. Acesso em 1/6/2019.

Atividade 4: As câmeras obscuras (máquinas fotográficas) e as distorções das imagens são introduzidas pelos conceitos matemáticos que envolvem as geometrias projetivas. Podemos observar o uso desses conceitos de distorção nos quadros: *Retrato do Rei Eduardo VI*, realizado pelo artista Cornelius Anthonisz em 1546, exposto na National Portrait Gallery de Londres, e em *Os embaixadores*, produzido por Hans Holbein, em 1533, exposto na National Gallery de Londres. Apresente as similaridades entre essas duas obras observando os elementos matemáticos que se destacam. Ver referência no texto de Alonso *et al.* (2002), no *website:*

HILDEBRAND, Hermes Renato. *Website Hermes Renato Hildebrand*, 2019. Disponível em <http://www.hrenatoh.net/curso/textos/Geop07_OrigemGeometriaProj.pdf>. Acesso em 2/6/2019.

Atividade 5: A modelagem de figuras 3D obedece a algumas regras. Quais as relações utilizadas para modelar em 3D em jogos digitais e no cinema na contemporaneidade? Apresente uma curiosidade ou um elemento matemático novo sobre esse tema. Ver referência na apresentação indicada no *website*:

HILDEBRAND, Hermes Renato. *Website Hermes Renato Hildebrand*, 2019. Disponível em <www.hrenatoh.net/curso/textos/modelagemmatematica.pdf>. Acesso em 2/6/2019.

Atividade 6: Hoje, o *design* de objetos utiliza as proporções áureas, a série de Fibonacci e as relações do pentagrama. Explique quais são as relações entre essas representações e mostre esses princípios por meio de exemplo. Apresente uma curiosidade ou um elemento novo sobre esse tema. Ver referência na apresentação indicada no *website*:

HILDEBRAND, Hermes Renato. *Website Hermes Renato Hildebrand*, 2019. Disponível em <http://www.hrenatoh.net/curso/textos/design.pdf>. Acesso em 2/6/2019.

Notas

[1] Nöth & Santaella, 1998, p. 90.
[2] Hildebrand, 2001.
[3] Edgerton, 1991.
[4] *Idem*, p. 12.
[5] Laurentiz, 1991.
[6] Hildebrand, 1994, p. 14.
[7] *Idem*.
[8] Edgerton, 1991, p. 14.
[9] Panofsky, 1979, p. 360.
[10] Granger, 1974.
[11] *Idem*, p. 64.
[12] Benjamin, 1985, p. 70.
[13] Davis, 1985, p. 232.
[14] Granger, 1974, p. 88.
[15] Davis & Hersh, 1985, pp. 250-251.
[16] Euclides, 2009.
[17] Pirsig, 1990, p. 251.
[18] Hauser, 1972.
[19] Paz, 1977.
[20] *Idem*, p. 8.
[21] Janson, 1977, p. 664.

[22] Santaella, 1990a, p. 58.
[23] Machado, 1984.
[24] *Idem*, p. 157.
[25] Frege, 1983, p. 183.
[26] Peirce, 1975a, p. 21.
[27] Boyer, 1974, p. 94.
[28] *Idem*, p. 457.
[29] *Idem*, *ibidem*.
[30] McLuhan, 1979, p. 390.
[31] Sogabe, 1996, p. 114.
[32] *Idem*, p. 113.
[33] Couchot, 1982, p. 42.
[34] Hildebrand, 1994, p. 137.
[35] Marcus, 1997.
[36] *Idem*, p. 7
[37] Hildebrand, 2001.

CAPÍTULO 4
Conceitos de matemática discreta, a simetria nas artes e o *Processing*

Quando realmente começa a produção de conhecimento matemático como conhecemos hoje? Neste capítulo, discutimos os primórdios dessa evolução, iniciando com uma breve apresentação da matemática discreta, o ato de contar, os conceitos usados nas artes e na matemática e, finalmente, a matemática discreta e o *Processing*.

4.1 A matemática discreta

Realmente, é muito difícil precisar quando se inicia a produção do conhecimento matemático como o entendemos hoje. No entanto, conseguimos identificar como essa ciência evoluiu ao longo da história e como ela sempre esteve ligada à produção de imagem. O homem começou muito cedo a representar o mundo que o cercava, elaborando imagens para compreender tudo a seu redor. Desenhos, mapas, diagramas, esquemas e a criação dos números sempre ajudaram a contar, medir e representar as quantidades.

Por outro lado, muitos elementos e conceitos matemáticos podem ser visualizados por meio das imagens e nas produções artísticas realizadas nas artes, como já vimos. Quando estudamos a matemática nos primeiros anos escolares, iniciamos pelas operações básicas: somar, subtrair, multiplicar, dividir, potência, raiz quadrada, enfim, aprendemos a fazer contas e a lidar com os números por meio de suas características discretas. Nesse caso, os números são signos abstratos que permitem efetuar operações bem definidas.

Ao refletirmos sobre esses conceitos, sentimos necessidade de visualizar essas entidades e, assim, a fim de melhor compreendê-las, produzimos gráficos, diagramas, esquemas e modelos imagéticos que nos ajudam a concretizar signos que imaginamos e elaboramos mentalmente. Assim nascem as representações geométricas, do espaço e do tempo.

Os homens criaram elementos que representam os conceitos abstratos na matemática. Concebemos o 0, o 1 e o infinito, o sistema decimal e o código binário, o conceito de limite, de derivada e de infinito, enfim, geramos representações que são organizadas na matemática. Nesse processo de elaboração de conhecimento, a noção de abstração é fundamental, porque é ela que permite o processo de generalização por redução de conteúdo, quando observamos um fenômeno, um conceito ou uma informação. Utilizamos esses princípios para reter informações relevantes com relação a determinado propósito. A abstração é um processo de pensamento em que a ideia se distancia do objeto. É uma operação mental e intelectual, portanto lógica, que pressupõe a existência de procedimentos que possibilitam isolar os elementos e produzir generalizações teóricas sobre problemas, a fim de resolvê-los. No processo de abstração, usamos estratégias de simplificação em que os detalhes desnecessários, ambíguos, vagos ou indefinidos são abandonados, e tratamos apenas do que é essencial para o modelo que estamos analisando.

No processo de abstração, a interação é importante com relação aos aspectos da materialidade, com as mídias e as linguagens e, consequentemente, com os signos que permitem a elaboração do raciocínio. Quando planejamos algo, nunca conseguimos observar o fenômeno em sua totalidade, e os aspectos que consideramos em qualquer tipo de abstração nos fazem elaborar imagens visuais e mentais que vão auxiliar no planejamento de nossas ações.

A matemática discreta, também conhecida por matemática finita, é o estudo dos conceitos algébricos que são discretos, isto é, não lidam com elementos contínuos da matemática. Os números inteiros, os grafos e as afirmações lógicas são os objetos estudados na matemática discreta. Eles têm valores distintos separados e não variam de forma contínua, portanto não são usados pelo cálculo e pela análise. A matemática discreta tem sido caracterizada como o ramo da matemática que opera com os signos dos conjuntos contáveis. De fato, a matemática discreta é definida pelo que ela exclui de seu campo de atuação, e não pelo que pode incluir em suas definições, isto é, não fazem parte da matemática discreta as quantidades que variam de forma contínua e as noções de relações.

4.2 O ATO DE CONTAR

Quando começamos a estudar a matemática, reconhecemos os números e verificamos que eles permitem realizar operações que concretizam conceitos abstratos. Isso evolui da seguinte forma: primeiro, consideramos o conjunto dos números naturais, depois verificamos que, se somarmos dois números pertencentes a esse conjunto, teremos como resposta um elemento do mesmo conjunto. Dizemos, matematicamente, que o conjunto dos números naturais é fechado com relação à operação da soma. Segundo, verificamos que esse conjunto também é fechado quanto à operação de multiplicação. De fato, se multiplicarmos dois números naturais, teremos como resposta um número natural.

Ao aprofundarmos os estudos sobre o conjunto dos números naturais, notamos uma série de propriedades válidas para esse conjunto. Verificamos que valem as propriedades comutativas, as associativas, o elemento neutro e o elemento inverso. Aí introduzimos um novo conceito abstrato que dá muita consistência ao conjunto dos números naturais: trata-se da "noção de grupo", que permite relacionar várias estruturas matemáticas.

Continuando nosso raciocínio, a partir desse princípio, começamos a realizar diversas operações com esses números, buscando compreendê-los melhor. Criamos, então, a operação inversa da soma e da multiplicação, ou seja, a subtração e a divisão. Notamos, em seguida, que essas operações nem sempre têm como resposta um número natural. Por exemplo, quando subtraímos um número natural de outro, sendo o primeiro menor que o segundo, verificamos que a resposta não é um número natural. Assim, sentimos necessidade de criar um novo conjunto de números para representar essa situação e dar conta dessa operação, isto é, identificamos que o conjunto dos números naturais não é fechado para a subtração e, assim, concebemos o conjunto dos números inteiros, que possui os números positivos e negativos, e, desse modo, esse novo conjunto criado é fechado para a subtração, isto é, qualquer dos dois números do conjunto dos números inteiros (positivo ou negativo) tem como resultado um número inteiro.

Posteriormente, passamos a observar a operação divisão e constatamos que ela também não é fechada com relação ao conjunto dos números naturais nem quanto ao conjunto dos números inteiros. Por conseguinte, somos obrigados a criar um novo conjunto de números, os números racionais, para que ele seja fechado relativamente à divisão. De fato, o conjunto dos números racionais é fechado para a operação de divisão. Assim, sucessivamente, vamos criando conjunto atrás de conjunto até que alcancemos o conjunto dos números reais.

Ao operarmos com o conjunto dos números reais, identificamos que algumas operações não são fechadas com relação aos números reais; por exemplo, a raiz quadrada de número negativo não obtém resposta dentro do conjunto dos números reais. Dando continuidade a esse raciocínio, criamos o conjunto dos números imaginários e, daí, passamos a perceber a existência de relações entre a matemática discreta e a teoria dos conjuntos.

Nesse momento, reconhecemos as relações entre as várias áreas de conhecimento dentro da matemática e percebemos a afinidade entre os conjuntos dos números imaginários ou complexos e a geometria.

Detectamos que um número do conjunto dos números complexos pode ser representado por meio da raiz quadrada de menos um, ou seja, um número complexo pode ser decomposto em uma parte real e outra imaginária. Por conseguinte, construímos a relação do conjunto dos números complexos com o plano (geometria euclidiana). Criamos os pares ordenados que são identificados pela simbologia (a, b) e (x, y), onde *a* e *x* são as partes reais e *b* e *y* são as partes imaginárias. Esses números também representam o "plano" que pode ser organizado graficamente por meio de dois eixos – X e Y – que se cortam perpendicularmente num ponto identificado pelo par (0, 0), que é a origem dos dois eixos.

Ao tratarmos desses conceitos e modelos matemáticos, não estamos sendo rigorosos com relação aos procedimentos e princípios matemáticos, até porque, se o fizéssemos, tornaríamos esta reflexão demasiadamente extensa e sem sentido para nossos propósitos.

Consequentemente, introduzimos a noção de vetor e de coordenadas polares. Identificamos que todo vetor pode ser representado a partir do ponto de origem dos eixos X e Y, isto é, a partir do par ordenado (0, 0) até o par (x, y), que estabelece uma dimensão e uma direção para o vetor. Assim, ao criarmos uma estrutura que relaciona dois eixos X e Y, representamos graficamente o plano, que é identificado pelo símbolo R^2. Já os símbolos R^3, R^4... são representações do espaço (terceira dimensão) e da quarta dimensão, e assim por diante.

Na verdade, esses signos são apenas representações dos objetos em cada dimensão que, abstratamente, representamos para poder operar com eles. A noção de quarta dimensão como a representação do tempo possibilitou o nascimento da Teoria da Relatividade de Albert Einstein. Ele modificou os conceitos de espaço e tempo, antes observados por meio da Teoria de Newton como entidades independentes. O espaço-tempo na Teoria da Relatividade pode ser considerado uma representação das quatro dimensões, três espaciais e uma temporal, no entanto integrada e definindo um conceito único.

Na ciência moderna, Galileu introduz o princípio da relatividade. Para ele, o movimento, ou pelo menos o movimento retilíneo uniforme, só tem significado quando é comparado com algum outro ponto de referência. Segundo Galileu, não existe sistema de referência absoluto em que o movimento possa ser medido. Ele aludia à posição relativa do Sol (ou sistema solar) e das estrelas. As "Transformações de Galileu", como ficaram conhecidas, eram compostas de cinco leis sobre o movimento. Galileu e Newton não consideravam para seus cálculos a propagação eletromagnética porque a luz era tida como algo instantâneo, sem movimento. Os fenômenos de movimento da luz e do som tornavam-se visíveis quando eram observados a longas distâncias, e, assim, no final do século XIX, passamos a exigir padrões de observação específicos e uma teoria do tempo.

Com relação aos Postulados da Relatividade, dois pontos devem ser destacados: o primeiro diz respeito ao Princípio da Relatividade que afirma que as leis que governam as mudanças de estado em quaisquer sistemas físicos tomam a mesma forma em quaisquer sistemas de coordenadas inerciais; e o segundo é relativo a Bohr, que trata da invariância da velocidade da luz , ou seja, a luz não necessita de qualquer meio (como o éter) para se propagar.

De fato, o Paradoxo dos Gêmeos ou Paradoxo de Langevin na Teoria da Relatividade de Albert Einstein apresenta a seguinte proposição: se considerarmos dois gêmeos e se um deles fosse para o espaço em uma aeronave, na velocidade da luz, eles ficariam com idades diferentes entre si. Dois aspectos podem ser considerados: o primeiro, a partir da mecânica clássica, afirma que a dilatação temporal não existe, o que levaria o gêmeo que viajou na nave a estranhar a disparidade dos tempos decorridos experimentados; o segundo, o que viajou pelo universo próximo à velocidade da luz, pode alegar que a Terra é que se movia com velocidade próxima à da luz. No entanto, a melhor compreensão desse fenômeno, hoje, é que a nave percorreu uma trajetória maior, considerando-se a trajetória no espaço-tempo.

4.3 Simetrias nas artes e na matemática

Retomando os princípios que determinam o período pré-industrial em que a ordem, as medidas e os valores simétricos são significativos, o homem passa a ter consciência de seu passado e vai à Antiguidade Clássica em busca dos ideais gregos, querendo recuperar os valores daquela cultura, obviamente ligados à ideia do renascimento de um novo Império Romano.

No entanto, em vez de trazermos à nova era uma Antiguidade renascida, definitivamente contribuímos para a formação do homem moderno. A partir do século XII, em plena Idade Média, as concepções individualistas e fragmentárias que formarão a Modernidade começam a tomar forma e estão presentes nos palácios, nas igrejas e nas casas dos burgueses.

Na verdade, estamos no início do capitalismo moderno, com o surgimento de uma economia monetária urbana e a emancipação dos burgueses. Esses aspectos são consequência do período medieval, e não do Renascimento. A partir da segunda metade da Idade Média, o homem busca a racionalidade e a individualidade que o colocam diante de "Deus" como um ser presente com razão e personalidade.

Esse momento tem suas características bem definidas e se manifesta plenamente por volta do final do século XV, início do século XVI. Esses valores estão presentes na Idade Média, na Renascença e por muito tempo ainda, atingindo outros períodos, inclusive os dias atuais. Não devemos ser rígidos nessas segmentações históricas, pois sabemos que há muita continuidade entre os princípios medievais e renascentistas e até os dias de hoje podemos sentir reflexos de pensamentos historicamente anteriores a nós.

A cultura da Cavalaria medieval, baseada em um princípio cortesão, pode ser considerada a primeira forma de organização moderna na qual verificamos, verdadeiramente, uma "unidade" calcada em princípios espiritualistas e que defendiam os valores cristãos.[1] Depois, na Renascença, identificamos as "guildas", que são associações entre corporações de operários, artesãos, negociantes e artistas, seus estatutos e um grande poder econômico e político, que não podem ser deixados de lado ao compor a mecânica de elaboração desse momento.

Todos esses agrupamentos estruturados a partir de profissões ou princípios corporativos religiosos carregam em seu interior uma unidade de pensamento que consiste numa verdadeira mudança estrutural na sociedade. Eles ajudam a construir a visão moderna da economia, na qual uma nova organização do trabalho de forma racional está por vir, isto é, a divisão por interesses em categorias profissionais. Esse raciocínio, se levado às últimas consequências, traz-nos as ideias marxistas de classes sociais.

A história pode ser concebida como um processo contínuo em que transformações ocorrem lentamente. Observamos que características da Idade Média, tida como uma sociedade orgânica, estável e conservadora, atingem também o Renascimento e, por que não dizer, a Modernidade. Assim, é impossível determinar rigidamente cada instante.

Estamos em um momento em que o homem começa a compreender e a mensurar o mundo material que o cerca e, desse modo, tenta medir longitudinalmente o globo terrestre, e isso

> [...] tornou-se possível quando a posição da Lua entre as estrelas pôde ser prevista pela teoria lunar de Newton e, assim, obteve-se o tempo aparente do mesmo fenômeno celeste, medido em dois lugares. A partir daí, os vastos espaços marítimos puderam ser "controlados" e as projeções nos mapas puderam ser feitas com precisão cada vez maior.[2]

Enfim, encontramos o espírito e a matéria sendo ordenados e medidos com precisão e rigor, mas sempre subordinados às leis naturais universais estabelecidas pelo cristianismo. A "matemática universal" de René Descartes, denominada "ciência universal da ordem e da medida", está calcada na razão humana e em tudo aquilo que pode ser matematicamente planejado, diferenciando-se das coisas da memória e dos sonhos, pois, para Descartes, esses fenômenos são fontes de incerteza, erro e ilusão. Esses princípios serão definitivamente incorporados à nossa cultura a partir dos séculos XVII e XVIII com a visão mecanicista desse filósofo e matemático e o pensamento materialista do físico Isaac Newton, que profundamente influenciarão nossa percepção ocidental, até os dias de hoje.

Descartes dizia que a percepção é determinada pela razão, de modo que ela não gera dúvidas, porque, se assim o fizer, será descartada como percepção enganosa. Ele percebe a existência de uma única saída para a superação da dúvida, e ela deve ser trilhada segundo a mesma estrada que sua "matemática universal". Nela, vamos encontrar a "ordem das razões" e a "ordem das matérias", e, segundo suas reflexões, essas ordens devem ser edificadas com a clareza da evidência matemática e estruturadas com a coerência perfeita de uma demonstração.

No *Discurso do método*, ele mostra que o único caminho para conhecer a verdade é o da dedução, respaldado, evidentemente, pela intuição. Quatro são os princípios que nos levam à lógica da razão humana, e são eles:

1. Jamais tomar algo como verdadeiro que não se reconheça como tal;
2. Dividir cada uma das dificuldades a serem examinadas em tantas parcelas quanto possível e em quantas forem necessárias, a fim de resolvê--las;
3. Ordenar os pensamentos pelos objetos mais simples, até o conhecimento dos mais complexos; e, por fim,
4. Fazer enumerações tão extensas e revisões tão gerais de modo a ter certeza de que nada omitiu.[3]

O pensamento desse filósofo marcou a história desse período e estabeleceu um universo univocamente determinado que deve ser dividido em partes para ser entendido, e a soma das partes configura o todo de nossa compreensão.

O mundo ocidental começa dividido quando o homem deixa de produzir para seu consumo próprio e passa a segmentar os produtos para comercializá-los. Iniciamos um processo de pensar nossas vidas em pedaços, porém ainda estamos substancialmente ligados aos valores orgânicos e determinados pela Idade Média. Os profissionais especializados atribuem ao bem produzido um conceito de "valor mercadológico", que dá aos homens uma relativa liberdade de criar novos valores para antigos objetos, sem produzir novas mercadorias. Esse fato, aliado às necessidades de troca dos bens culturais, gera no mundo burguês a obrigatoriedade de quantificação dos valores dos objetos. Precisamos criar características de particularização de nossas mercadorias com a finalidade de atribuir-lhes valor. Isso marcará profundamente nossas formas de significar e comunicar, estabelecendo um caráter de prazer nas singularidades e na individualidade estimulado pela fragmentação e pela racionalidade do nosso mundo.

Já em plena Idade Média pudemos sentir essa individualidade, essa fragmentação e essa busca da racionalidade, porque ao homem medieval coube a verdadeira mudança de paradigma. Abandonamos as concepções transcendentais baseadas em uma sociedade de economia natural estruturada sob o domínio da Igreja católica cristã e passamos para uma economia monetária urbana que propunha a emancipação da burguesia, porém ainda estruturada pela ideologia cristã.

As obras de arte, antes produzidas para os reis e para a Igreja católica, passam a ser financiadas pela burguesia. As camadas sociais que, até então, eram rigidamente definidas aos poucos vão dando lugar a um espírito mais dinâmico e flexível. Por outro lado, encontramos os elementos de ordem, grandeza, medidas e o cientificismo definindo nosso pensamento com base no cristianismo.

A diferença entre as produções artísticas e matemáticas desses dois períodos que antecedem a Revolução Industrial está na forma de observação da realidade. As do primeiro representam o mundo percebido de "modo natural"; as do segundo, por sua vez, fazem dele um "estudo de proporções" baseado na geometria perspectiva linear estruturada matematicamente pelos princípios de Euclides de Alexandria, que viveu por volta do século IV.

No entendimento de Edgerton,[4] como foi comentado anteriormente, um dos elementos que dão sustentação à revolução científica no mundo ocidental é exatamente a possibilidade de estabelecer uma filosofia para a pintura possível de ser demonstrada por meio de deduções matemáticas estruturadas pela geometria euclidiana. Para ele, a arte do período pré-industrial influenciou várias culturas no mundo não porque foi imposta, mas sim porque se mostrou mais convincente em suas representações – uma percepção mais natural da realidade, uma representação magicamente aceita por todos.[5] O uso dessas concepções pode ser identificado na obra de Jan van Eyck intitulada *Casal Arnolfini* (Figura 16), como a perspectiva e a acentuação dos segundos planos. O espelho no fundo da composição mostra toda a cena invertida, tal como a imagem do próprio artista.

A geometria perspectiva foi difundida por toda a Europa Ocidental, principalmente depois do século XV, porque, a partir do Renascimento, acreditava-se que, ao contemplar uma obra de arte de pintura, na qual a "geometria divina" estava presente, os seres humanos apreciavam a essência da realidade, réplica do instante em que Deus tinha concebido o mundo, isto é, o momento da Criação.

De fato, nessa época, na academia ensinava-se que a matemática, as artes e as ciências eram áreas de conhecimento comum e que a "perspectiva linear", a "teoria das proporções" e a verdade eram conhecimentos matemáticos. Isso nos faz entender por que artistas como Albrecht Dürer e Leonardo da Vinci estudavam profundamente as proporções humanas e as proporções espaciais em suas representações artísticas. Eles construíam seus modelos visuais baseados nos conceitos matemáticos.

Figura 16 – *Casal Arnolfini*, de Jan van Eyck (1434). Fonte: National Gallery, em Londres.

Nesse momento, o homem é colocado fixo no chão em proporções rígidas com os demais objetos a sua volta. Os artistas renascentistas representavam o mundo em suas telas usando regras de proporção matemática oriundas dos pitagóricos e de Policleto na Grécia Antiga. Eram regras da geometria euclidiana demasiadamente simples. Representar o homem e o espaço a seu redor, de modo científico, era um objetivo da arte e, por que não dizer, da matemática e da geometria, no período pré-industrial. Diante dessas modificações em nossas percepções, olhamos para as representações com profunda estabilidade gravitacional, em harmonia com o ambiente.

O *Homem Vitruviano*, de Leonardo da Vinci (Figura 17), representa o ideal clássico do equilíbrio, da beleza, da harmonia e da perfeição das proporções do corpo humano. O espaço plástico sofreu enormes choques em matéria de regras de representação; a volta ao respeito da relação terra-céu foi nítida na produção artística; abandonou-se a representação de espaço sem referência gravitacional, típico das representações nas cúpulas das catedrais onde as figuras flutuavam num fundo sem determinantes materiais.[6] Existem diversas formas de representar por meio da perspectiva, e o psicólogo James J. Gibson[7] identificou 13 tipos de geometrias que percorrem parte de nossa história, e, segundo Edward T. Hall, o homem medieval tinha conhecimento de 6 desses 13 tipos.

Ainda não tínhamos elaborado a distinção entre o campo visual, que é a imagem percebida em toda a extensão do globo ocular, incluindo nela a imagem periférica, e o mundo visual, que representava o homem achatado pelo sistema perspectivo monocular. Os renascentistas viviam uma contradição que era manter o espaço estático organizando os elementos de maneira a serem observados de um único ponto de vista e, ao mesmo tempo, tratar a realidade como um espaço tridimensional. O olho imóvel achata as coisas além de cinco metros de distância, assim estamos realmente representando o mundo de maneira bidimensional.

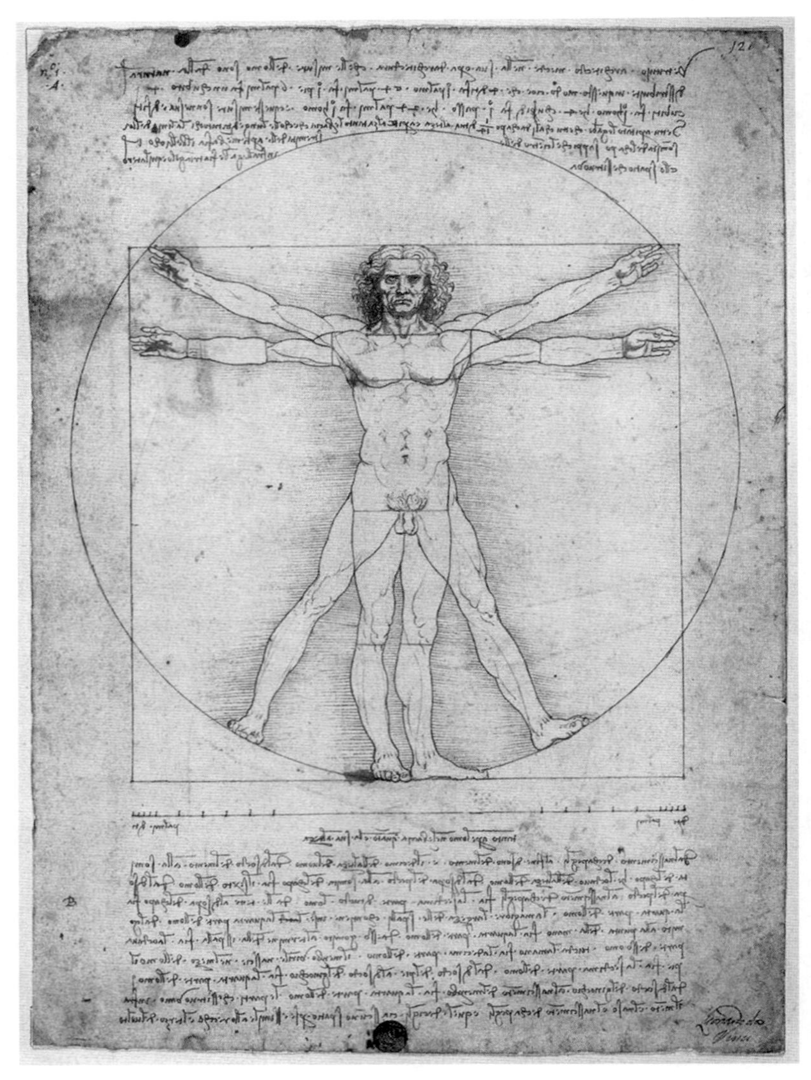

Figura 17 – *Desenhos* e *Homem Vitruviano*, de Leonardo da Vinci (1490). Fonte: Gallerie dell'Accademia, em Veneza.

Essa contradição somente será resolvida por volta do século XVII, quando o empirismo renascentista dá lugar a um conceito mais dinâmico de espaço, muito mais complexo e difícil de ser organizado. O espaço visual do final da Idade Média e do Renascimento era demasiado simples e estereotipado para motivar o artista que desejava movimentar e dar vida a seu trabalho. Em contraste com os artistas medievais e renascentistas,

> [...] que examinavam a "organização visual dos objetos a distância com o "observador" constante, Rembrandt prestou particular atenção a como a pessoa vê, quando o "olho" permanece constante e não se movimenta de um lado para outro, mas repousa em certas áreas específicas da pintura.[8]

Rembrandt transferiu essa percepção para sua obra introduzindo a noção de "claro-escuro", e, quando observamos os trabalhos dele, devemos olhá-los a uma distância adequada. As obras desse artista ganham características tridimensionais e uma dinâmica de representação muito particular (Figura 18).

Figura 18 – *Hendrickje banhando-se no rio*, de Van Rijn Rembrandt (1654). Óleo sobre tela. Fonte: Galeria Nacional, em Londres.

O conceito de medida surge quando observamos que, para o homem da Grécia Antiga, assim como para o da Idade Média, era impossível a compreensão total do sistema perspectivo linear baseado na distância fixa entre o olho e o objeto com apenas um ponto de fuga. Também era impraticável a noção de distância temporal tendo como fixo o presente e projetado para trás o passado. Panofsky, em sua obra *O significado nas artes visuais*,[9] afirma que essa consciência plástica surge com a consciência histórica representada na busca dos valores culturais da Antiguidade Clássica. Para ele,

> [...] os artistas podiam empregar os motivos dos relevos e estátuas clássicas, mas nenhum espírito medieval podia conceber a arqueologia clássica. Do mesmo modo que era impossível para a Idade Média elaborar um sistema moderno de perspectivas, que se baseia na conscientização de uma distância fixa entre o olho e o objeto e permite assim ao artista construir imagens compreensíveis e coerentes de coisas visíveis, assim também lhe era impossível desenvolver a ideia moderna de história baseada na conscientização de uma distância intelectual entre o presente e o passado que permite ao estudioso armar conceitos compreensíveis e coerentes de períodos idos.[10]

Para Panofsky, é óbvio que a perspectiva linear vem sendo modificada ao longo do tempo; as figuras de Giotto (Figura 19) eram estaticamente construídas por meio das formas geométricas.

Em Leonardo da Vinci (Figura 20), identificamos a utilização de outra dinâmica de construção.

Por fim, se considerarmos as obras de Dürer, Michelangelo e Rubens, notamos o uso de uma perspectiva em que as sombras determinam o volume dos objetos e nos levam a reconhecer o espaço e as formas representadas muito mais que a própria forma perspectiva utilizada.

O homem sai do campo para a cidade e, desse modo, começa a perceber a rigidez das construções urbanas. A tridimensionalidade passa a estar diante de nossos olhos. Nas obras plásticas do Renascimento, encontramos representadas as formas arquitetônicas, a partir do que os gregos haviam elaborado. As ordens, como o dórico, o jônico ou o coríntio, são reutilizadas ao compor os palácios, as igrejas, as casas dos burgueses e as telas dos artistas plásticos que, nesse instante, utilizam constantemente os elementos de arquitetura para constituir os cenários de suas obras.

Figura 19 – Afresco *A lamentação de Cristo*, de Giotto di Bondone (1304-1306). Fonte: Afresco pintado na Capela de Scrovegni, em Pádua.

Apesar de não ser nosso objetivo tratar das obras de arquitetura, é importante mencionar que as ordens arquitetônicas ajudam a interpretar o homem e seu meio ambiente por meio das medidas. A dimensão total da figura humana é expressa em frações ordinárias, e o homem, agora dividido em partes, serve para definir o tamanho das naves centrais das catedrais construídas nesse período. Na verdade, a fração ordinária é o único signo matemático que representa precisamente a relação entre duas quantidades mensuráveis.

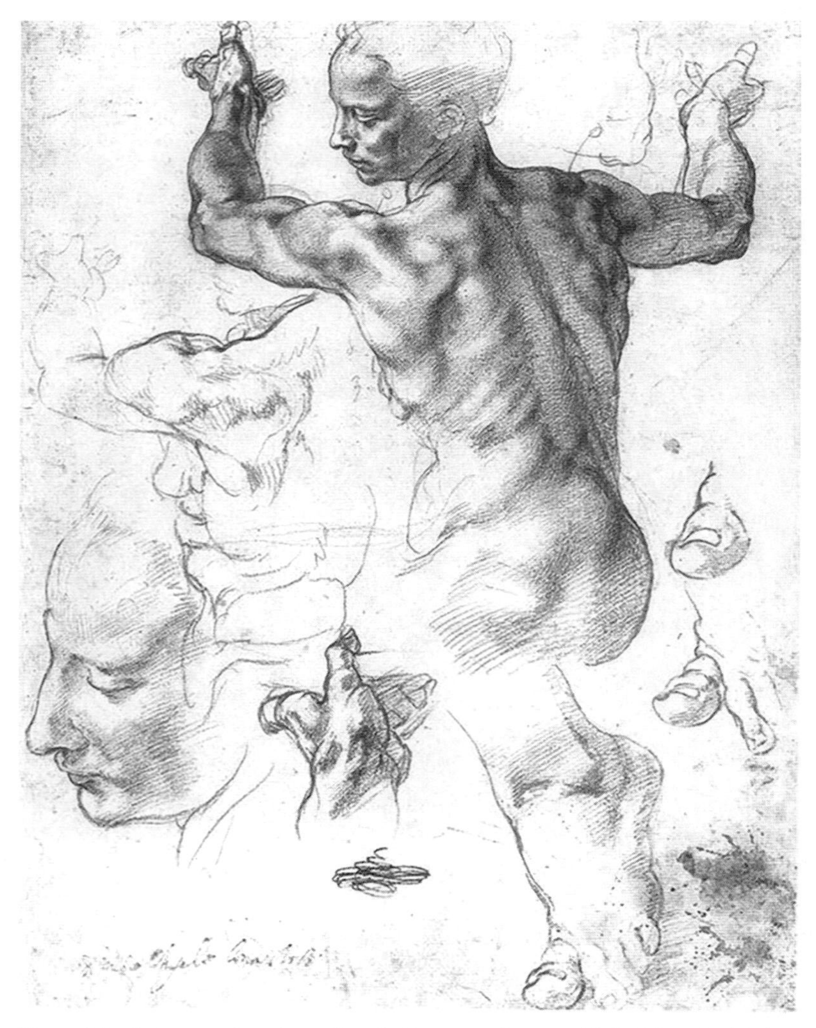

Figura 20 – *Esboços e desenhos – Estudo Buonarroti para a Sibila Líbia*, de Michelangelo (1511). Fonte: Metropolitan Museum of Art, em Nova York.

Na tentativa de estabelecermos uma definição única para o que possa ser a "teoria das proporções", somos levados novamente à já mencionada obra *O significado nas artes visuais*, de Panofsky, e de lá extraímos que essa teoria é

> [...] um sistema de estabelecer as relações matemáticas entre as diversas partes de uma criatura viva, particularmente dos seres humanos na medida em que esses seres sejam considerados temas de uma representação artística.[11]

Ao fragmentarmos em módulos os seres humanos e o espaço ocupado por eles, vemos introduzidos outros dois conceitos que vão marcar significativamente os períodos pré-industrial e industrial mecânico.

O conceito de individualidade da produção e o conceito de medida do produto finalizado serão importantes para a compreensão do mundo burguês. Mensurar as obras de arte como igualmente se fazia com as mercadorias é característica marcante do homem-produtor--artístico desse momento histórico.

Os artistas têm no suporte móvel sua mercadoria, com um valor de troca determinado pela individualidade de cada produtor. Agora ele não é mais um artesão, e sim um intelectual da arte que emprega em sua produção profundos conhecimentos matemáticos aplicados à anatomia e à geometria espacial. Isso traz individualidade às criações humanas, nas quais o meio de produção ainda é artesanal e o produtor elabora seu produto por completo.

Os esboços, os traçados e os desenhos não são preservados no tempo, assim como é a obra de arte final. Eles representam apenas a fragmentação do processo da elaboração do trabalho do artista plástico.

Dürer era pintor e matemático e muito contribuiu para todos os segmentos do conhecimento em que atuou. Ele pintou vários autorretratos (Figura 21), tema pouco comum na época e que pode ser visto como uma promoção do *status* que o artista passa a adquirir na sociedade da época. Dürer era um grande estudioso de matemática e das artes. De fato, não podemos deixar de eleger em segundo plano a prensa de Gutemberg e as técnicas de litogravura e xilogravura que abrem as portas para a reprodução das obras.

Figura 21 – *Autorretrato com luvas*, de Albrecht Dürer (1498). Fonte: Museu do Prado, em Madrid.

As mesmas prensas que criavam as gravuras no período pré--industrial imprimiam os livros, inclusive os de matemática. Com isso, ocorria uma maior difusão do saber, característica marcante daquela época. No entanto, esse conhecimento era limitado aos "literatos" e aos "humanistas" da época, uma vez que o latim era a língua mais difundida no Ocidente, e até aquele momento grande parte da matemática conhecida era chinesa, hindu e árabe, necessitando ser traduzida por intérpretes que conhecessem tanto a matemática quanto o idioma latino.

O processo de tradução dos textos ocorreu lentamente nos diversos segmentos do conhecimento e, em particular, na ciência dos números. As primeiras fontes matemáticas interpretadas eram de aritmética, de teoria dos números, de teoria das proporções e sobre a secção áurea. A álgebra geométrica e a matemática contábil foram as partes da matemática que receberam maior atenção do mundo burguês por seu caráter de quantificação, assim como a trigonometria e a geometria tiveram especial importância nesse período, pois auxiliavam na solução dos problemas de astronomia, demarcação de terras, desenhos de cartografia e desenhos de perspectiva das obras de arte.

Nesse período, identificamos três formas de conceber o número e a aritmética:

> [...] o "*número-puro*", tratado na "Aritmologia", isto é, mística do número de tendência metafísica, se ocupa daquilo que transcende ao conceito numérico em si;
> o "*número-científico*", tratado na "Aritmética" propriamente dita, considera o caráter científico abstrato do elemento numérico, segundo um método silogístico e rigoroso do tipo euclidiano; e, por fim,
> o "*número-concreto*", que não era considerado como ciência, mas, sim, como uma técnica; tratado na chamada "Aritmética dos Navegantes", é relegado a um grau inferior e consiste no cálculo propriamente dito.[12]

De fato, o "número-puro" – ou "número-divino", ou "número-ideia" – é o modelo ideal do "número-científico", considerado o verdadeiro número,

> [...] pois a causa do mundo material são as formas – que dependem de quantidade, qualidade e disposições –, a única coisa permanente é a estrutura das coisas – cópia do modelo percebido em logo – e sua única realidade é o arquétipo diretor de todo o universo criado.[13]

Outro aspecto que deve ser destacado é a intuitiva noção de quantificação do mundo real, de fácil verificação nos textos de matemática nesse instante que precede a Revolução Industrial. Notamos isso quando lemos o que Oresme, ao generalizar a teoria das proporções de Bradwardine, escreve: "Tudo que é mensurável... é imaginável na forma de quantidade contínua".[14]

Richard Suiseth, conhecido como "*Calculator*", também mostra o processo de quantificação do mundo ocidental, quando formula o problema sobre latitude das formas, cujo enunciado é assim descrito:

> Se, durante a primeira metade de tempo dado, uma variação continua com uma certa intensidade, durante a quarta parte seguinte do intervalo continua com o dobro da intensidade, durante a oitava parte seguinte com o triplo da intensidade e assim *ad infinitum*; então a intensidade média para o intervalo todo será a intensidade de variação durante o segundo subintervalo.[15]

Hoje ela é traduzida pela série infinita, a qual foi demonstrada de modo geométrico por Oresme, pois *Calculator* não conhecia os modos gráficos de demonstração. A ciência dos números começa a tomar impulso significativo com Regiomontanus, considerado o matemático mais influente do século XV; ele conhecia grego e, assim, entrou em contato com o conhecimento científico e filosófico da Antiguidade. Naquele momento, já existiam algumas boas traduções para o latim do trabalho de Euclides, e sua "noção de grandeza geométrica tal como aparece, progressivamente formalizada, em diferentes livros dos Elementos". Granger[16] definiu essa noção de grandeza na geometria deixando explícita a relação entre elemento numérico e geométrico do seguinte modo:

> [...] à intuição ingênua – pelo menos para a nossa, já educada por séculos de prática social das operações de medida – a grandeza geométrica não coloca problemas, isto é, a ideia de número é espontaneamente aplicada à intuição de um segmento de linha, e até de um fragmento de superfície.[17]

A Euclides coube estabelecer a ligação do ser geométrico com o aritmético, o que foi plenamente realizado em *Os elementos*, e, assim, a matemática está preparada para uma aritmética do incomensurável e para a Modernidade, ou seja, para a noção dialética dos números irracionais. Esses números não podem ser expressos na forma de razão ou fração, tendo causado dificuldades maiores em sua compreensão "porque não são aproximáveis por números positivos, mas a noção de sentido sobre uma reta tornou-os plausíveis".[18] Logo,

> [...] a questão não é inventar um método particular para superar tal dificuldade de medida, mas encontrar princípios gerais que permitam ajustar o sistema dos números e a noção ainda muito intuitiva de ser geométrico linear.[19]

Esse ajuste vai se realizar com os espaços topológicos matemáticos em uma base euclidiana e na noção sistêmica matemática univocamente determinada pelas teorias de Descartes com a álgebra geométrica, de Fermat com a álgebra analítica e de Desargues com sua geometria projetiva.

A álgebra, a geometria e a trigonometria são os temas centrais do desenvolvimento matemático no período em questão por seu caráter de mensuração e ordenação. Todas as obras matemáticas aqui expostas culminaram com sistemas baseados na geometria euclidiana, e, nessa visão intuitiva do espaço matemático, podemos observar também que as visões de Descartes, Fermat e Desargues, individualmente concebidas, para efeito sintético, determinam a produção e as características desse momento histórico.

Tomemos inicialmente a álgebra geométrica de René Descartes, que, além de matemático, contribuiu de forma definitiva para o conhecimento humano nesse período. Sua obra, em especial a matemática, começa a tomar corpo no início do Renascimento por meio da resolução algébrica de equações cúbicas associada à respectiva demonstração geométrica em matéria de subdivisão do cubo. Essa noção de resolução de problemas matemáticos mediante as noções geométricas está presente em toda a produção desse momento. Podemos encontrá-la também nos Livros IV e VI de álgebra de Rafael Bombelli; eles continham diversos problemas de geometria resolvidos de maneira algébrica.

Descartes dizia que, para fazer matemática, devemos, por um lado, reter do objeto apenas o que ele possui de mensurável e redutível ao número puro da álgebra e, de outro, guardar a ordem.[20] Esses dois conceitos podem ser generalizados por todo o mundo matemático e, por que não dizer, pelo mundo pré-industrial, onde tudo é concebido em duas partes: a primeira trata da matéria e, portanto, deve ser medida; o mais importante aqui é mensurar. A segunda trata da organização da matéria e, consequentemente, de sua ordenação. Assim, estamos diante de dois fenômenos que marcam o período inicial da economia do sistema burguês de troca: a medida e a ordem.

O pai da filosofia moderna transfere a noção intuitiva do "objeto geométrico imaginado" e "a confusa complexidade fenomenológica da figura" para um problema de álgebra, isto é, segundo Descartes, ele se serve de um método em que

> [...] tudo o que cai na consideração dos geômetras se reduz a um mesmo gênero de problemas, que é o de procurar o valor das raízes de alguma

equação, julgar-se-á que não é difícil fazer uma enumeração de todas as vias pelas quais se pode encontrá-las.[21]

Assim, o objeto matemático é, em geral, uma construção geométrica, e não necessariamente a redução da geometria à álgebra. O fundamental não é resolver os problemas da álgebra por meio da geometria, mas "consiste justamente em definir a inteligibilidade da extensão pela medida e em considerar a geometria como a ciência que ensina geralmente a conhecer as medidas de todos os corpos".[22]

Girard Desargues, por sua vez, preserva as ideias de Regiomontanus na trigonometria e, dessa forma, elabora um belo trabalho de geometria composto por 22 livros sobre "elementos de cônicas". Esse é o impulso inicial para o *Brouillon projet d'une atteinte aux événements des rencontres d'un cone avec un plan*, que pode ser traduzido por "Esboço tosco de uma tentativa de tratar o resultado de um encontro entre um cone e um plano", de Desargues, sobre a geometria projetiva que, basicamente, opera com as cônicas de maneira essencialmente simples, podendo ser tratada de modo a derivar-se da arte da Renascença e do princípio de continuidade de Kepler.

Aqui encontramos a mais direta relação de similaridade entre os espaços topológicos matemáticos e os espaços topológicos plásticos, a noção de perspectiva linear. Ela pode ser entendida como a representação bidimensional do espaço tridimensional, utilizando-se do princípio da redução ou da projeção de retas em planos. Esse ponto recebeu atenção especial dos matemáticos e dos artistas renascentistas.

Primeiro, consideremos Leon Battista Alberti, arquiteto, que, num tratado impresso em 1511, "descreve um método que tinha inventado para representar num plano de figura vertical uma coleção de quadrados num plano de terra horizontal". Por outro lado, encontramos novamente a obra de Desargues, que descreve um processo de construir perspectiva de qualquer figura humana para artesãos e artistas, uma "noção de transformação projetiva" que ele denominou de *Méthode universelle de mettre en perspective les objets donnés réellement ou en devis*, em 1636, que pode ser traduzido por "Método universal de transformar em perspectiva não empregando ponto algum que esteja fora do campo da obra".

Além de Alberti, outros artistas contribuíram de maneira direta para a matemática daquele momento: Leonardo da Vinci, com seu *Tratado Della Pittura*; Piero della Francesca, que tratou da questão da representação de objetos tridimensionais observados de determinado ponto, ampliando o trabalho de Alberti; e, finalmente, encontramos um grande artista renascentista, Albert Dürer, que tinha forte interesse pela geometria e escreveu o livro denominado *Investigação sobre a medida com círculos e retas de figuras planas e sólidas*. Dürer foi o artista que mais aprofundou seu conhecimento de matemática, dando atenção especial à geometria representativa nas artes visuais, chegando a publicar também um livro sobre teoria das proporções humanas.

Dürer começou seus estudos sobre as figuras de Vitrúvio (Figura 17), seguindo seu trabalho por meio de um método geométrico baseado essencialmente no estilo gótico, mas foi ele o primeiro artista do Renascimento alemão a produzir nus corretos e cientificamente proporcionados. Ele também foi autor de inúmeras litogravuras e xilogravuras que levaram aos artistas de sua época os conhecimentos de movimentos das figuras humanas e as proporções humanas de origem clássicas.

Finalizando, observemos a obra de Pierre de Fermat, que, como muitos de sua época, se dedicava à recuperação de obras perdidas da Antiguidade com base em informações encontradas nos tratados clássicos. Assim, os trabalhos traduzidos para o latim aumentavam dia após dia, e uma parcela significativa do conhecimento humano tem sua origem nos textos clássicos. Entre esses trabalhos encontramos a reconstrução dos *Lugares planos*, de Apolônio, que possuía como subproduto o "princípio fundamental da geometria analítica", qual seja: "sempre que numa equação final encontram-se duas quantidades incógnitas, temos um lugar, a extremidade de uma delas descrevendo uma linha, reta ou curva".[23] Logo, estamos novamente diante da relação entre os números e a geometria.

Esse matemático do período pré-industrial, com Descartes, foi o que mais se aproximou de visualizar outras dimensões, além do plano. Fermat, em seu método, para achar máximos e mínimos, manipula lugares dados por equações que hoje são conhecidas como as parábolas de Fermat e que operavam em "geometria analítica de curvas planas de grau superior". Ele introduziu o conceito de operações em mais de três dimensões, porém o pai da geometria analítica, caso tivesse isso em mente, não foi além desse ponto. A teoria baseada em três dimensões teria que esperar até o século XVIII, antes de ser definitivamente desenvolvida. De fato, esses procedimentos levaram o matemático Fermat a um método para achar tangentes à curva y = x, que, por consequência, nos deu o teorema sobre as áreas delimitadas por essas curvas, isto é, o primeiro passo para a "análise infinitesimal".

Descartes, Desargues e todos os pensadores daquela época, inclusive Fermat, tinham uma concepção euclidiana dos espaços matemáticos, e, assim, criaram a geometria analítica e seu método de máximos e mínimos que, entre outras coisas, introduziu o cálculo diferencial e integral e a percepção dos "valores de vizinhança", que são essenciais para a "análise infinitesimal". Como todas as outras teorias, estamos em busca da consistência entre os seres geométricos e os seres numéricos e tentando estender as proposições sobre os números à geometria, de modo a unificá-los na ideia de um cálculo geométrico e, dessa maneira, conceber a matemática como um sistema único.[24]

A perspectiva com apenas um ponto de fuga

> [...] resume uma situação que a própria "perspectiva focalizada" ajudará a formar e perpetuar: uma situação na qual a obra de arte se tornará um segmento do universo, como este é observado – ou, pelo menos, como podia ser observado – por um indivíduo particular, a partir de um ponto de vista particular, num momento particular. "Primeiro é o olho que vê;

segundo, o objeto visto; terceiro, a distância entre um e outro", diz Dürer, parafraseando Piero Della Francesca.[25]

A teoria de arte desenvolvida na Renascença pretendia ajudar o artista a chegar a um acordo com a realidade numa base observacional; os tratados medievais de arte, ao contrário, limitavam-se quase sempre ao enunciado de códigos e regras que poupariam ao artista o trabalho de observar diretamente a realidade.

Essa característica de particularidade, a que se refere Dürer, pode ser levada à matemática, se considerarmos que, no final desse período, temos construídas três formas de pensar a ciência dos números, todas elas pautadas por uma visão geométrica intuitiva observacional do ente matemático; uma visão euclidiana de espaço, cada qual com característica específica de seus criadores, baseada em uma matemática discreta. Duas delas levavam em conta os procedimentos algébricos estendidos à geometria e, por isso, são chamadas de álgebra geométrica ou geometria analítica, desenvolvidas por Descartes e Fermat.

A primeira experiência, de caráter metafísico, olhava para o mundo por meio da filosofia; assim, a álgebra geométrica cartesiana tinha como finalidade encontrar um "método para raciocinar bem e procurar a verdade nas ciências". Já a segunda, não tão abrangente, contribuiu fundamentalmente para a matemática, uma vez que seu autor, apesar de nada ter publicado, possuía uma exposição muito mais didática e sistemática do que o primeiro. Por fim, a terceira teoria, com características próprias e essencialmente simples, está voltada para as coisas do cotidiano, sendo denominada geometria projetiva de Desargues. Ela é totalmente construída a partir de termos tomados da natureza, em especial da botânica. Desargues, seu autor, atribuía a sua geometria nomes como "nós", "ramos", "raiz" e outros tirados do dia a dia, para as definições e os conceitos utilizados. A seção de cônicas é chamada de "golpe de rolo", porque faz referência a um rolo de amassar, e é desse modo que a geometria arguesiana vê a transformação da circunferência em elipse; uma massa circular que, se trabalhada com um rolo, se transforma em uma elipse.

A produção artesanal imprime "as marcas individuais" do produtor no objeto criado. Percebemos também que todas as teorias olhavam para o objeto matemático pelo seu aspecto geométrico e euclidiano, que se fundamenta numa teoria com bases observacionais, na qual o espaço topológico utilizado sustenta-se numa métrica plana dada a partir de nossa percepção pura e simples, sem quaisquer instrumentos auxiliares.

Portanto, nesse período, uma das similaridades que podemos destacar desses dois segmentos do conhecimento humano é a visão sistêmica dos espaços topológicos matemáticos e artísticos, dados pela percepção intuitiva do homem, sem mecanismos de observação que não os nossos próprios olhos e a nossa individualidade. Os homens e seus objetos ao redor são representados numa visão planimétrica tirada da perspectiva monocular de observação, baseada na geometria euclidiana e que trazia à percepção de cada produtor um modo particular de enxergar o mundo.

Os artistas que mais longe levaram essas ideias foram Michelangelo e Dürer. Um, ao elaborar o juízo final, dá sua opinião a respeito desse tema por meio do "sagrado", no seio da própria Igreja católica, contrariando o modo de pensar desta. O outro, mediante seu autorretrato, desenhando-se com feições semelhantes ao Cristo, "encarava sua missão de reformador artístico",[26] mostrando que o mundo dependia dele e de sua "genialidade".

Retomando Dürer, ele fala sobre o terceiro elemento, isto é, a distância entre o olho do observador e o objeto observado, e aí encontramos outro elemento que vai marcar significativamente as produções artísticas e matemáticas desse período. A questão da mensuração e da ordenação tão fortemente buscadas nesse mundo, pretensamente racional. A arte é medida e ordem. Nos momentos em que institui as relações de proporcionalidade usadas para a construção das figuras humanas, estabelece uma ordem a partir de um sistema perspectivo figurativo, bem como a ordenação das formas representadas e construídas sob os olhos das ordens arquitetônicas: dórica, jônica e coríntia. O senso comum passa a ser a simetria, o equilíbrio, a ordenação e a mensuração.

A matemática, na tentativa de estabelecer uma projetividade espacial, opera sobre um conceito semelhante aos artistas, isto é, apesar de tratar as formas geométricas de maneira espacial, não vai além de uma convenção planimétrica do espaço representado, concebendo, assim, um sistema de ordem e medida calcado na deformação dos objetos, em uma projeção sob o plano. Tomaremos em seguida duas considerações de Giles G. Granger que nos mostram a forma de pensar de dois matemáticos a respeito da geometria utilizada.

Do método de projeção de Desargues acrescentamos que sua construção perspectiva é uma "transformação" que permite passar do espaço ao plano; assim, é apenas "uma deformação particular dos comprimentos". De Descartes observamos que "os problemas de geometria facilmente podem ser reduzidos a termos tais que, depois disso, só há necessidade de conhecer o comprimento de algumas linhas retas para construí-los".[27] É evidente que, quando esses matemáticos falam de comprimento, estão percebendo o espaço-suporte de seus sistemas inserido num contexto em que só interessa a distância desdobrada em duas direções, comprimento e largura, remetendo-nos definitivamente ao plano.

Se enveredarmos pelas obras desses dois autores, como também dos outros matemáticos contemporâneos a eles, verificaremos cada vez mais que a percepção espacial matemática desses homens era fundamentalmente bidimensional, apesar de Descartes e Fermat visualizarem outras dimensões.

A perspectiva linear traduz uma visão monocular do mundo, cria a ilusão e a deformação do elemento profundidade ao ser representada na tela bidimensional. O plano está organizado segundo um código de representação que achata a espacialização dos objetos como um rolo de amassar. A perspectiva ajuda a mensuração dos objetos naturais no mundo; a realidade percebida é traduzida em um suporte único: o plano; o quadro bidimensional que pode ser tirado da parede transforma-se em mercadoria num sistema econômico pré-capitalista.

Os artistas do início do período pré-industrial não conseguem levar para suas representações gráficas a diferença entre o "campo visual" e o "mundo visual", afirma Hall.[28] Para ele, "o homem ocidental não fizera ainda distinções entre o 'campo visual' – a verdadeira imagem retiniana – e o 'mundo visual', que representa o percebido, pois ele é [...] representado não como registrado na retina, mas como percebido – em tamanho natural".[29]

Somente Rembrandt modificará esse modo de representar, utilizando-se do artifício das sombras e pintando "um campo visual estático. Em vez do mundo visual convencional retratado pelos seus contemporâneos", ele imprime em suas telas a tridimensionalidade, se "observadas de distâncias adequadas – que têm de ser determinadas experimentalmente".[30] Assim, podemos perceber os conceitos que vão caracterizar a Modernidade.

4.4 A matemática discreta e os conceitos básicos do *Processing*

A programação e os computadores que, de modo geral, operam com elementos discretos armazenam dados e processam informações digitais em etapas e elementos discretos, que são os *bytes*, que representam 0 e 1, ou melhor, são pulsos elétricos em que passa energia ou não passa energia pelos circuitos.

> As pesquisas em matemática discreta aumentaram na segunda metade do século XX, sendo em parte devido ao desenvolvimento de computadores digitais que operam em passos discretos e armazenam dados em

bits discretos. Os conceitos e notações da matemática discreta são úteis para estudar e descrever objetos e problemas em ramos da ciência da computação, tais como algoritmos de computador, linguagens de programação, criptografia, prova automática de teoremas, e desenvolvimento de *software*. Por outro lado, implementações computacionais são significativas na aplicação de ideias da matemática discreta para problemas do mundo real, como em pesquisas operacionais.[31]

Apesar de os objetos de estudo da matemática discreta serem elementos distintos, com frequência os métodos analíticos de matemática contínua também são tratados por esse tipo de matemática. Conceitos e notações da matemática discreta muitas vezes são utilizados para resolver problemas com algoritmos em linguagens de programação.

Para escrevermos um programa em linguagem específica da programação, adotamos alguns caracteres para a construção do código que, após o processo de compilação, produz um aplicativo que pode ser um controlador de processos industrial até um sofisticado sistema multimídia. Da combinação de letras surgem palavras reservadas, identificadores, funções de biblioteca etc.; os caracteres numéricos fornecem a necessária representação de quantidades, tanto em um contexto interno (formatação, parâmetros de inicialização etc.) quanto externo (entrada e saída de dados numéricos), bem como símbolos (* { } / % ^ $ () [ ] ; #...) que têm uso variado, seja para organizar o texto do programa para definir para o compilador a prioridade de execução da rotina, seja para determinar o fim de uma linha de comando. Alguns símbolos são utilizados como operadores, e o compilador estabelece seu significado de acordo com o contexto.

4.4.1 Palavras e elementos reservados

As palavras reservadas, em qualquer linguagem, representam tipos, modificadores, especificadores, diretivas e caracterizam a sintaxe da linguagem. Tendo um significado particular dentro da linguagem, as palavras reservadas indicam ao compilador ações específicas que o sistema deverá executar. Como a linguagem *Processing* é sensível à caixa-alta ou à caixa-baixa (maiúscula/minúscula), todos os comandos devem ser escritos em caixa-baixa e não podem ser utilizados com outros propósitos. Todos os comandos da linguagem se resumem a algumas palavras reservadas. Por exemplo:

Expressões

- Comentários: //, /* */;
- Expressões e afirmações: ";", ",";
- Comando de console: *print*(), *println*().

Coordenadas e primitivas

- Tamanho da tela de saída: *size*();
- Figuras primitivas: *point*(), *line*(), *triangle*(), *quad*(), *rect*(), *ellipse*();
- Parâmetros de desenho: *background*(), *fill*(), *stroke*(), *noFill*(), *noStroke*();
- Atributos de desenho: *smooth*(), *noSmooth*(), *strokeWeight*(), *strokeCap*(), *strokeJoin*();
- Modos de desenho: *ellipseMode*(), *rectMode*().

Variáveis

Com as variáveis podemos manipular dados, numéricos ou alfanuméricos, desde a entrada, com sua transformação por meio do processamento, até a saída dos dados transformados, o que é a essência do que desejamos fazer. Vejamos mais detalhes:

- *boolean* – 1 *bit* com valor lógico verdadeiro ou falso (*true*; *false*);
- *byte* – 8 *bits* – 128 *to* 127;
- *char* – 16 *bits* – 0 *to* 65535;
- *int* – número inteiro na faixa de -2.147.483.648 a +2.147.483.647 32 *bytes*;

- *float* – um número racional na faixa de 32 *bits* 3,40282347E+38 até 3,40282347E+38;
- *true*: verdadeiro;
- *false*: falso;
- *color*: 32 *bits* 16.777.216 cores.

Expressões aritméticas e funções

- + (soma), - (subtração), * (multiplicação), / (divisão), % (módulo);
- () (parênteses), ++ (incrementar), -- (decrementar), += (adicionar e atribuir);
- -= (subtrair e atribuir); *= (multiplicar e atribuir), /= (dividir e atribuir);
- - (negação), *round*() (arredondamento), *min*() (mínimo entre números) e *max*() (máximo entre números).

Transformações

- Função *translate*() – A função *translate*() move a origem da figura do canto superior esquerdo da tela para outro ponto. Ela tem dois parâmetros. O primeiro é a coordenada x e o segundo é a coordenada y. A sintaxe da função *translate* é *translate*(x, y). Os valores dos parâmetros x e y são adicionados a quaisquer formas desenhadas após a função ser executada. Se 10 é utilizado como parâmetro para x, e se 30 é utilizado como parâmetro para y, um ponto desenhado em coordenadas (0,5) será desenhado em coordenadas (10,35).
- Função *rotate*() – A função *rotate*() gira o sistema de coordenadas de modo que formas podem ser desenhadas na tela em determinado ângulo. Ele tem um parâmetro que define a quantidade de rotação conforme um ângulo. A função rotação assume que o ângulo é especificado em radianos. As formas são sempre giradas em torno da sua posição com relação à origem (0,0), e o positivo é sentido horário. Tal como acontece com todas as transformações,

os efeitos de rotação são acumulativos. Se houver uma rotação de π/4 radianos e outra de π/4 radianos, o objeto será desenhado com uma rotação de π/2 radianos.

4.4.2 Conceitos de cores

As cores no *Processing* são definidas por parâmetros numéricos associados às respectivas sintaxes. Por exemplo: *background*(), *fill*() e *stroke*() são funções específicas. Assim, quando se usam as cores com esses parâmetros, eles ficam definidos da seguinte forma: *background*(-valor1, valor2, valor3), *fill*(valor1, valor2, valor3), *fill*(valor1, valor2, valor3, alpha), *stroke*(valor1, valor2, valor3), *stroke*(valor1, valor2, valor3, alpha), em que os elementos valor1, valor2 e valor3 são parâmetros que variam de 0 a 255 e o valor de alpha varia de 0 a 100% de transparência.

Código do programa em *Processing* que mostra o uso das cores preto e cinza:

- *size*(480,120);
- *background*(0); *//Black*
- *fill*(204); *//Light gray circle*
- *ellipse*(132, 82, 200, 200); *//Light gray circle*
- *fill*(153); *//Medium gray*
- *ellipse*(228, -16, 200, 200); *// Medium gray circle*
- *fill*(102); *//Dark gray*
- *ellipse*(268, 118, 200, 200); *// Dark gray circle*

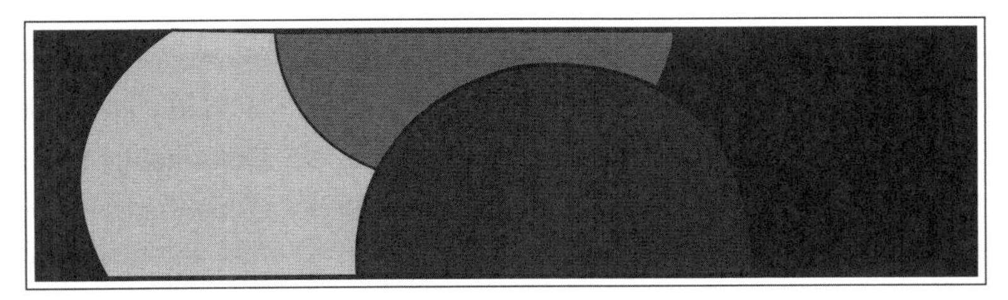

Figura 22 – Representação de tons de branco, cinza e preto. Fonte: Os autores.

Código do programa em *Processing* que mostra o uso das cores (R,G,B):

- *size*(480,120);
- *noStroke*();
- *background*(0, 26,51); *//Dark blue color*
- *fill*(255, 0, 0); *//Red color*
- *ellipse*(132, 82, 200, 200); *//Red circle*
- *fill*(0, 255, 0); *//Green color*
- *ellipse*(228, -16, 200, 200); *//Green circle*
- *fill*(0, 0, 255); *//Blue color*
- *ellipse*(268, 118, 200, 200); *// Blue circle*

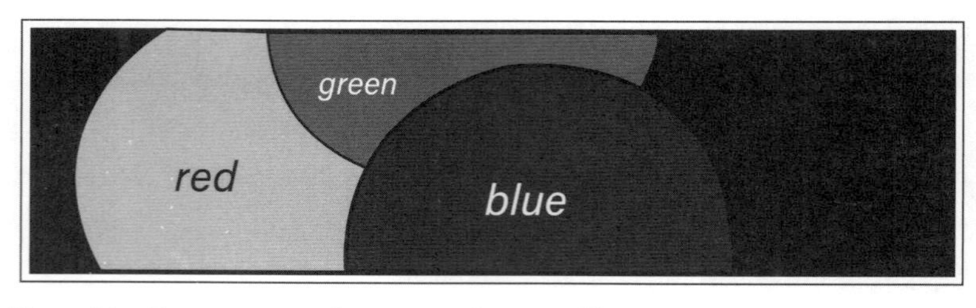

Figura 23 – Representação das cores *red*, *green* e *blue*. Fonte: Os autores.

4.4.3 Coordenadas cartesianas e desenho de figuras

O Plano Cartesiano é formado por dois eixos perpendiculares: um horizontal (abscissa) e outro vertical (ordenada), como indicado na Figura 24. Ele é muito utilizado na construção de gráficos de funções, em que os valores relacionados a "x" constituem o domínio, e os valores de "y", a imagem da função. O Plano Cartesiano foi criado por René Descartes, filósofo, matemático e físico nascido em Touraine, La Haye--Descartes. Ele é considerado um dos fundadores da filosofia moderna e o pai da geometria analítica.

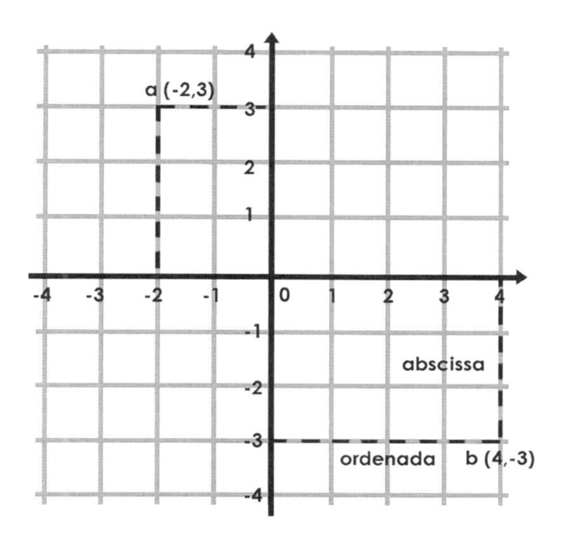

Figura 24 – Representação do Plano Cartesiano. Fonte: Os autores.

As figuras geométricas (ponto, reta, triângulo, retângulo etc.) são representadas na tela do *Processing* por meio da localização dos pontos no Plano Cartesiano. Na Figura 25, podemos verificar que o ponto (0,0) fica situado no extremo superior da tela do lado esquerdo.

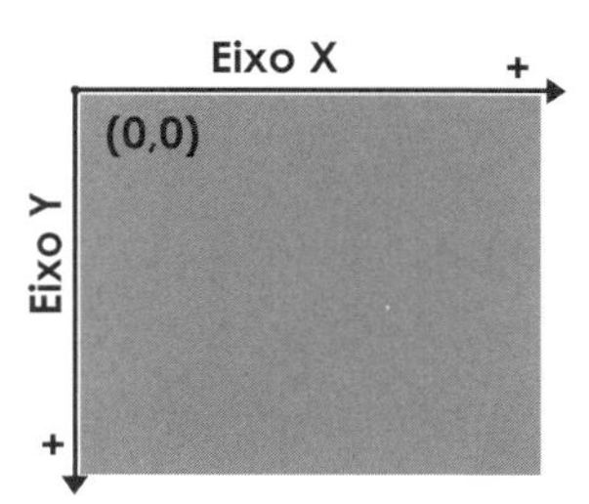

Figura 25 – Representação do Plano Cartesiano na tela do *Processing*. Fonte: Os autores.

A seguir, apresentaremos como são os comandos (sintaxe) das representações de figuras no *Processing*:

Desenhando um ponto

Sintaxe: *point*(x, y): Exemplo: *point*(240, 60);

Desenhando uma reta

Sintaxe: *line*(x_1, y_1, x_2, y_2):

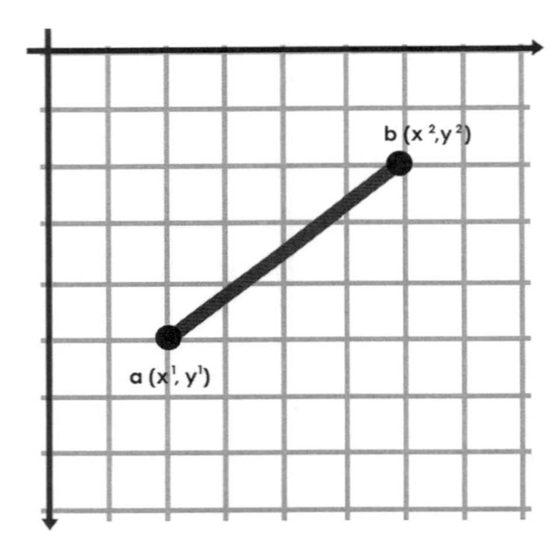

Figura 26 – Desenho de uma reta com extremidades definidas. Fonte: Os autores.

- Sintaxe: *line(float* x_1, *float* y_1, *float* x_2, *float* y_2);
- Exemplo:

  size(480, 120);

  line(20, 50, 420, 110).

Desenhando um triângulo

Sintaxe: *triangle*(x_1, y_1, x_2, y_2, x_3, y_3):

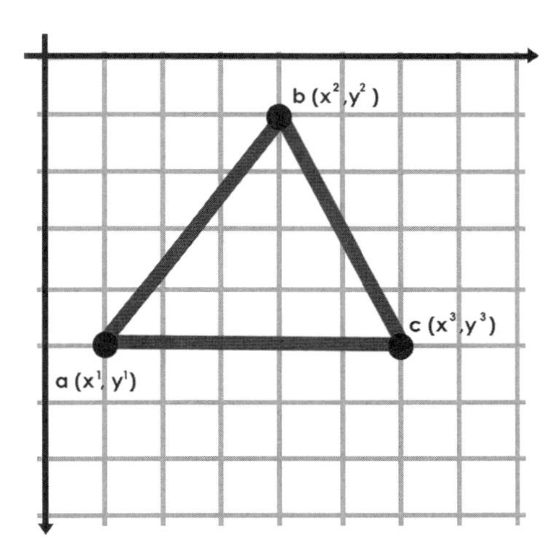

Figura 27 – Desenho de um triângulo genérico. Fonte: Os autores.

- Sintaxe: *triangle(float* x_1, *float* y_1, *float* x_2, *float* y_2, *float* x_3, *float* y_3);
- Exemplo:

  size(480, 200);

  triangle(70, 50, 420, 120, 160).

Desenhando um quadrilátero

Sintaxe: *quad*(x_1, y_1, x_2, y_2, x_3, y_3, x_4, y_4):

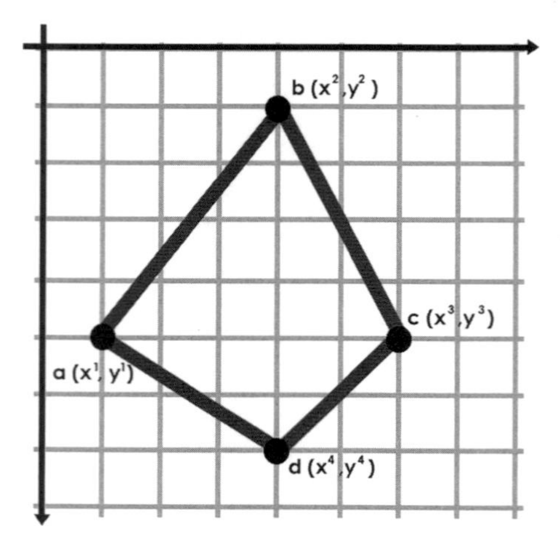

Figura 28 – Desenho de um quadrilátero genérico. Fonte: Os autores.

- Sintaxe: *quad*(x_1, y_1, x_2, y_2, x_3, y_3, x_4, y_4);
- Exemplo:

  size(480, 200);

  quad(50, 70, 110, 180, 370, 150, 400, 20).

Desenhando um retângulo

Sintaxe: *rect*(x, y, *width*, *height*):

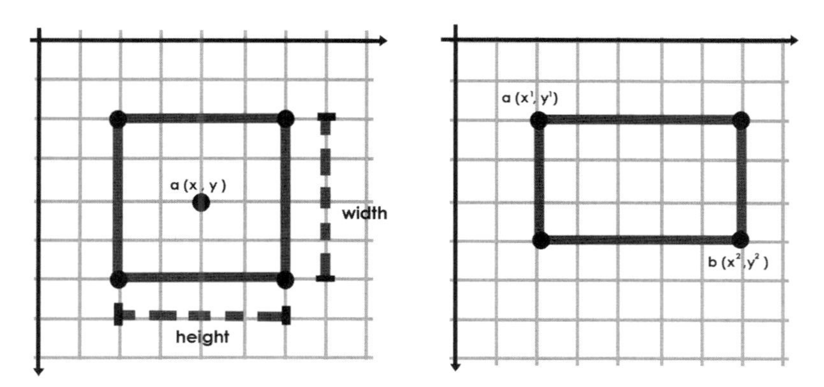

Figura 29 – Representação de retângulo no *Processing*. Fonte: Os autores.

- Sintaxe 01:

  recMode(*CENTER*);

  rect(x, y, *width*, *height*).

- Exemplo 01:

  rectMode(*CENTER*);

  rect(100, 100, 50, 70).

- Sintaxe 02:

  recMode(*CORNERS*);

  rect(x_1, y_1, x_2, y_2).

- Exemplo 02:

  rectMode(*CORNERS*);

  rect(50, 50, 200, 130).

Desenhando uma elipse

Sintaxe: *ellipse*(x, y, *width*, *height*):

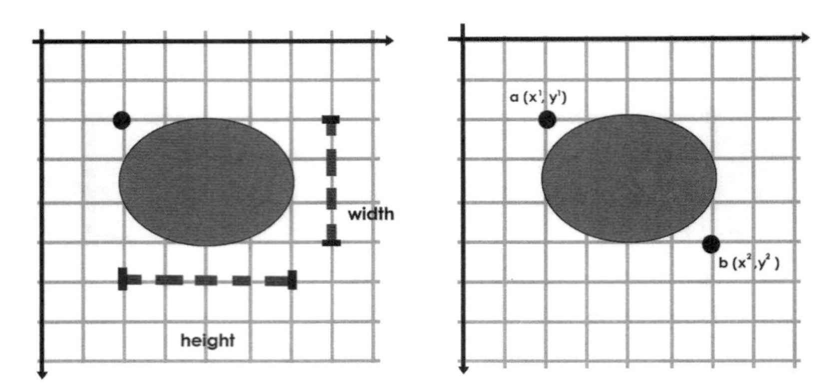

Figura 30 – Representação de elipse no *Processing*. Fonte: Os autores.

- Sintaxe 01:
  recMode(*CENTER*);
  rect(x, y, *width*, *height*).
- Exemplo 01:
  rectMode(*CENTER*);
  rect(100, 100, 50, 70).
- Sintaxe 02:
  recMode(*CORNERS*);
  rect (x_1, y_1, x_2, y_2).
- Exemplo 02:
  rectMode(*CORNERS*);
  rect(50, 50, 200, 130).

Desenhando um arco de circunferência

Sintaxe: *arc*(x, y, *width*, *height*, *start*, *stop*):

Figura 31 – Representações de arcos de circunferência no *Processing*. Fonte: Os autores.

- Exemplo 01:

  size(480, 120);

  arc(90, 60, 80, 80, 0, *radians*(90));

  arc(190, 60, 80, 80, 0, *radians*(270));

  arc(290, 60, 80, 80, *radians*(180), *radians*(450));

  arc(390, 60, 80, 80, *radians*(45), *radians*(225)).

- Exemplo 02:

  size(480, 120);

  arc(90, 60, 80, 80, 0, *HALF_PI*);

  arc(190, 60, 80, 80, 0, *PI+HALF_PI*);

  arc(290, 60, 80, 80, *PI*, *TWO_PI+HALF_PI*);

  arc(390, 60, 80, 80, *QUARTER_PI*, *PI+QUARTER_PI*).

4.5 Saiba mais

Manual desenvolvido por Pedro Amado, técnico superior de *design* da Faculdade de Belas Artes da Universidade do Porto, Portugal, é bastante útil como apoio à introdução à programação gráfica usando *Processing*:

AMADO, Pedro. *Introdução à programação gráfica: usando Processing*. Porto, Porto Editora, 2006. Disponível em <https://sigarra.up.pt/fpceup/pt/pub_geral.pub_view?pi_pub_base_id=39671>. Acesso em 7/12/2023.

O livro básico do *Processing* foi produzido em 2001 por Casey Reas e Ben Fry. Exemplos do livro e uma visão geral sobre ele podem ser encontrados no *site* <https://www.processing.org/books>:

REAS, Casey & FRY, Ben. *Processing: a programming handbook for visual designers and artists*. London, MIT Press, 2001.

O *site Nature by numbers* apresenta um vídeo baseado em números, geometria e natureza, produzido por Cristóbal Vila em 2010:

VILA, Cristóbal. *Nature by numbers*, 2010. Disponível em <https://www.youtube.com/watch?v=kkGeOWYOFoA&t=17s>. Acesso em 7/12/2023.

O vídeo encontrado em *Mathematics in Nature* retrata a conexão entre matemática e natureza, que fará o homem comum entender por que e como a matemática é importante para compreendermos o universo:

PIEMATHSASSOCIATION. *Math in nature*, 2012. Disponível em <https://www.youtube.com/watch?v=Ig9RUaJe00c>. Acesso em 20/4/2019.

O matemático Arthur Benjamin apresenta no TED[32] "A magia dos números de Fibonacci". Ele explora propriedades ocultas do conjunto de números estranhos e maravilhosos da série de Fibonacci e ressalta que a matemática é lógica, funcional e simplesmente... fantástica, podendo ser também inspiradora!

BENJAMIN, Arthur. "A magia dos números de Fibonacci", 2013. Disponível em <www.youtube.com/watch?v=SjSHVDfXHQ4>. Acesso em 20/4/2019.

4.6 Atividades a serem desenvolvidas

Atividade 1: Para desenhar uma linha no *Processing*, podemos usar, por exemplo, *line*(1,0,4,5). Como deve ser a instrução para desenhar: (i) um retângulo; (ii) um círculo; (iii) um triângulo?

Atividade 2: Utilizando o papel quadriculado ou criando uma grade de 10x10, desenhe o resultado visual que se pode obter quando executamos o código a seguir, no qual *point* é um ponto, *line* é uma reta, *rect* é um retângulo e *ellipse* é uma elipse:

- *point*(0,2);
- *point*(0,4);
- *line*(0,0,9,6);
- *rect*(5,0,4,3);
- *ellipse*(3,7,4,4).

Atividade 3: Utilizando o papel quadriculado ou criando uma grade de 10x10, desenhe o resultado visual que se pode obter quando executamos o código a seguir, no qual *point* é um ponto, *line* é uma reta, *rect* é um retângulo e *ellipse* é uma elipse:

- *point*(0,2);
- *point*(0,4);
- *line*(0,0,9,6);
- *rect*(5,0,4,3);
- *ellipse*(3,7,4,4).

Atividade 4: Fazer o desenho da Figura 32 com retas, quadriláteros e utilizando o conceito de rotação e translação.

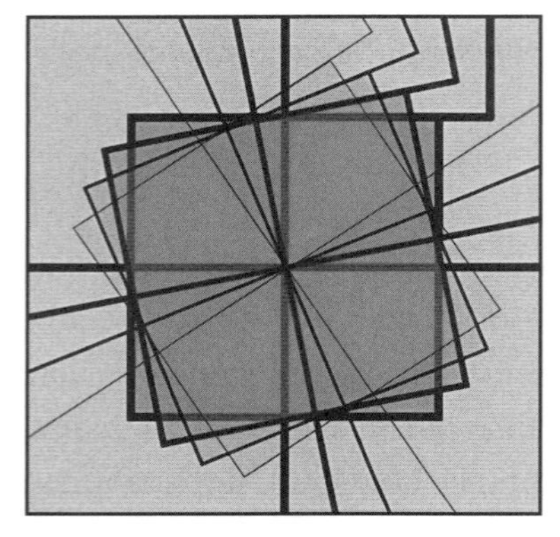

Figura 32 – Imagem da atividade. Fonte: Os autores.

Atividade 5: Desenhar um Cenário 2D, utilizando as figuras definidas pelo *Processing*. Empregar os conceitos de cores (utilizar cores variadas) e de formas geométricas. Ver exemplo na figura a seguir.

Figura 33 – Imagem produzida para o Cenário 2D. Fonte: Os autores.

Atividade 6: Fazer o desenho de uma mandala utilizando formas geométricas e elaborando os conceitos de rotação e translação. Ver exemplo na Figura 34.

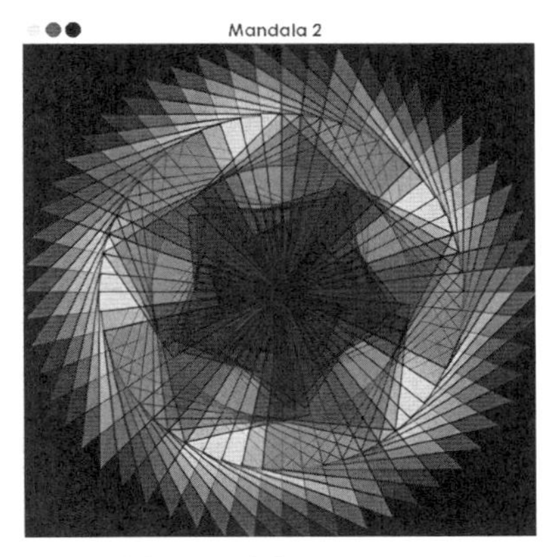

Figura 34 – Imagem de mandala: mandala 1. Fonte: Os autores.

Atividade 7: Fazer o desenho de uma mandala utilizando formas geométricas e elementos de cores e utilizando os conceitos de rotação e translação. Ver exemplo na Figura 35.

Figura 35 – Imagem de mandala: mandala 2. Fonte: Os autores.

NOTAS

[1] Hauser, 1972, p. 287.
[2] Matos, 1990, p. 285.
[3] Descartes, 1983, pp. 37-38.
[4] Edgerton, 1991.
[5] *Idem*, p. 8.
[6] Laurentiz, 1991, p. 76.
[7] Hall, 1977, p. 169.
[8] *Idem*, p. 82.
[9] Panofsky, 1979.
[10] *Idem*, pp. 82-83.
[11] *Idem*, p. 90.
[12] Ghyka, 1968, p. 22.
[13] *Idem, ibidem.*
[14] Boyer, 1974, p. 192.
[15] *Idem, ibidem.*
[16] Granger, 1974.
[17] *Idem*, p. 37.
[18] Boyer, 1974, p. 210.
[19] Granger, 1974, p. 37.
[20] *Idem, ibidem.*
[21] *Idem*, p. 65.
[22] *Idem*, p. 64.
[23] Boyer, 1974, p. 253.
[24] Granger, 1974, p. 87
[25] Panofsky, 1979, p. 360.
[26] Janson, 1977, p. 464.
[27] Granger, 1974, p. 78.
[28] Hall, 1977.
[29] *Idem*, p. 81.
[30] *Idem, ibidem.*
[31] Matemática discreta, 2021.
[32] TED – Tecnologia, Entretenimento e Design – é uma organização sem fins lucrativos cujo objetivo é partilhar ideias através de *talks* (conversas). *Talks* são palestras mais curtas que têm como objetivo chamar atenção para um determinado tema. O arquiteto Richard Saul Wurman fundou o TED exatamente para desenvolver esse modelo de palestras e conferências focadas na essência de um tema.

CAPÍTULO 5
OS CONCEITOS DE MATEMÁTICA SEQUENCIAL, MOVIMENTO NAS ARTES, REPETIÇÃO E O *PROCESSING*

O conceito de movimento nas artes e na matemática e o de sequência e repetição na matemática marcam o período industrial mecânico. Neste capítulo, discutimos a questão da dialética que passa a ser percebida em nossas vidas e, principalmente, nas produções artísticas; o conceito de sequência e repetição nas artes e matemática; e, finalmente, as sequências e as repetições na programação com o *Processing*.

5.1 A ANGÚSTIA NOS FAZ VER "IMAGENS DIALÉTICAS"

A partir do século XVII, o ser humano cobre-se de razão e, fundamentado no conceito de racionalidade, decide aonde ir e qual caminho percorrer. O filósofo francês Maurice Merleau-Ponty considera o século XVII como o século do racionalismo. É também um momento em que, apesar de a lógica do pensamento fundamentar-se na razão, passamos a perceber o inconsciente e as infinitudes do espaço e do tempo.

A dialética que sempre esteve presente em nossas reflexões passa a ser observada em toda a sua plenitude. De fato, esse aspecto torna-se importante para a compreensão da Modernidade. As revoluções, na verdadeira concepção da palavra, são as condições para a compreensão dessa época, na qual todas as incertezas estão presentes. Essas situações sociais e políticas podem ser observadas em dois modelos econômicos:

o capitalista e o socialista. Diante desse antagonismo, identificamos contradições na sociedade, nas ideias dos homens e em tudo aquilo que se relaciona com o pensamento e a práxis.

Ao refletirmos sobre a dialética, não podemos deixar de lado as ideias de Marx, que revolucionaram profundamente o pensamento econômico, político e social de sua época. Para ele, o pensamento moderno não está situado na natureza, mas na própria história e na percepção de que a humanidade se reconcilia com seu passado e, portanto, deve se despedir dele com serenidade.[1]

Em um primeiro momento, dividido entre as questões que envolvem o sujeito e sua subjetividade, o homem vê a máquina como seu principal meio de produção. Consolida-se a industrialização mecânica como o período da "reprodutibilidade técnica". A genialidade criativa do ser humano dá lugar à "destruição da aura" do objeto, que, até esse momento, é concebido de forma artesanal e que, a partir daqui, tem a "tendência a superar o caráter único de todos os fatos através de sua reprodutibilidade".[2] O sistema de produção de bens com a necessidade da "reprodutibilidade técnica" introduz a serialidade e a repetição nos meios de produção e de comunicação, e esses aspectos refletem tanto nas artes quanto na matemática.

A forma de produzir de modo artesanal, na qual cada produto é realizado individualmente, cede lugar à engrenagem que substitui nossa força motriz pela energia a vapor das locomotivas, como pode ser visto na pintura de Monet, na Figura 36.

Figura 36 – *Trem na neve*, de Claude Monet (1877). Fonte: Musée Marmottan Monet.

A energia a vapor, além de representar a aceleração do processo produtivo, transforma o produto em um objeto da linha de montagem; converte-o em uma produção em série. Portanto, ela se torna fragmentada em sua concepção e se divide entre dois protagonistas: o homem e a máquina. Modificamos nosso sistema produtivo e, consequentemente, nossos paradigmas e nossas percepções do mundo. A extrema racionalidade nos faz perceber os sonhos e, ao tentarmos interpretá-los, vamos considerá-los como algo incerto, descontínuo e impossível de ser compreendido; em seguida, ao analisarmos a psique humana, percebemos a que eles se referem. Estamos aflitos tentando viver o dia a dia; o agora; o *Jetztzeit*, a que Benjamin se referiu e que foi brilhantemente traduzido por Haroldo de Campos por "agoridade".[3]

A brutalidade dos mecanismos deixa suas marcas por onde passa; nas fábricas, os moldes estampam sobre as chapas de metal; nos jornais e editoras, as prensas são utilizadas em larga escala; nas telas, as dinâmicas pinceladas mostram os novos caminhos da arte; na fotografia, os delicados raios de luz deixam suas marcas sobre o papel fotográfico.

A indústria de transformação passa a produzir de forma serial ao gerar os bens de consumo; em contato com a matéria-prima, fixamos os elementos a partir de moldes. A arte produzida na era mecânica não representa mais o mundo real segundo os padrões perspectivos; ela expressa o imaginário que agora está impresso nas telas dos artistas e nos livros.

Cézanne está representando os volumes por meio das formas geométricas, e os artistas estão experimentando todos os suportes possíveis. Obviamente, essa experimentação também vale para a matemática. Na busca da expressividade, o mundo artístico encontra o *Branco sobre branco*, de Malevich, e os *ready-made* e *O grande vidro*, interpretado pela *Caixa verde*, de Marcel Duchamp. No mundo matemático, deparamos com a "geometria não euclidiana", os "conjuntos não cantorianos" e a "hipótese do infinito", enfim, em todas as áreas do conhecimento humano identificamos uma infinidade ilimitada de novas formas de representação dos espaços topológicos.

Estamos realizando experimentações sobre todos os meios e suportes, determinando que nosso paradigma de percepção se dá mediante o conflito, a ruptura e os paradoxos, que somente são perceptíveis quando colocamos em xeque nossos valores determinados pelo passado, pelo presente e pelo futuro, consciente e inconscientemente. Assim, o período industrial mecânico configura-se como indicial, e nele o signo tem relação real, causal, direta com seu objeto e aponta para ele ou o assinala.[4] As dinâmicas pinceladas dos artistas impressionistas, expressionistas e pontilhistas e os espaços topológicos matemáticos não euclidianos rompem com os padrões de representação até então utilizados.

5.2 Os conceitos de sequência e repetição nas artes

No período renascentista, as representações realizadas buscam a recuperação gravitacional da espécie, na qual a sociedade se vê estabilizada e se preocupa com as relações sociais estabelecidas pelos valores materiais. A burguesia percebeu uma falha no sistema de produção feudal e passou a gerar excedentes, transformando esses produtos em mercadoria para comercialização.

Totalmente marcada por esses valores e apoiada na racionalidade, a arte tem momentos de pura estabilidade em Rafael e no ideal de harmonia da perspectiva linear. As figuras humanas, proporcionalmente determinadas, estão firmes, em pé, estáveis nas representações espaciais e em harmonia com os elementos a sua volta, estabelecendo uma estética baseada no equilíbrio, na ordem e na medida.

Ressaltamos que essa estabilidade é algo idealizada, mais do que real, e se rompe minutos depois que atinge seu ápice. A partir do *Juízo Final* de Michelangelo, a Modernidade começa a se instalar na arte.

A pintura da Capela Sistina é uma obra executada contra os ideais de beleza renascentista num importante monumento arquitetônico do mundo cristão: a casa de oração do papa. A partir daí, estamos diante de "revoluções permanentes" nas artes e em tudo.

Na arte, vamos encontrar Pieter Bruegel preocupado com a vida do povo humilde e os costumes populares. Mais adiante, encontramos Caravaggio tratando os temas sagrados cotidianamente, colocando São Mateus como cobrador de impostos em uma taberna. Todos estão mudando e inovando: Rubens é a própria revolução no caráter dramático de suas obras; Ticiano, em *Bacanal*, faz um tributo aos prazeres da vida; Rembrandt, em seus retratos da burguesia, produz obras-primas e nos mostra, em seus autorretratos, toda a evolução de seu trabalho; David retrata Marat, chefe político da Revolução Francesa, assassinado por sua secretária numa banheira; Ingres, com o mesmo realismo de David, retrata o burguês Louis Bertin, colocando na tela traços de verdadeira profundidade psicológica. Por fim, poderíamos continuar elencando todos os artistas e suas revoluções particulares, mas preferimos parar em Goya, que representa a família de Carlos IV como verdadeiro bando de fantasmas, em que o rei tem cara de ave de rapina e a rainha ocupa a posição central da pintura; é uma verdadeira revolução, como se pode ver na imagem da Figura 37.

Ao implantarmos esse processo de produção de bens, no qual as máquinas acrescentam velocidade ao sistema produtivo, redirecionamos nossas percepções e ações no mundo. A produção artesanal dá lugar à produção em série, e os produtos, antes executados individualmente pela díade olho-mão, ganham outras características e passam a ser executados pela "reprodutibilidade técnica".[5]

A anatomia na medicina, a botânica na biologia, a ótica na física, enfim, todos os ramos do conhecimento humano introduzem novas técnicas, materiais e formas de imprimir registros e marcas. É a matéria sendo explorada e explorando; é o capital material orientado pelas estruturas do pensamento dialético. O mundo industrializado mecânico fragmenta o processo de produção que, de maneira racional, econômica e dinâmica, gera o produto. No entanto, à frente dessa linha de montagem, cabe ao homem reunir mecanicamente as partes que compõem o processo produtivo.

Figura 37 – *Detalhe da família de Carlos IV*, de Francisco de Goya (1800). Fonte: Museu do Prado de Madrid.

A produção modifica-se, e a Revolução Industrial provoca em nossas mentes uma revolução intelectual que, ao segmentar o sistema produtivo em partes, obriga o homem a se especializar em áreas de interesse. Isso traz à tona um homem-produtor-cientista especializado e, com ele, inúmeras invenções, entre elas a máquina de "fixar as imagens da câmera obscura".[6] A máquina fotográfica, conhecida de Leonardo da Vinci, nesse momento histórico, ganhou força e constituiu o processo de produção de imagens no período industrial mecânico. Henri Cartier--Bresson busca captar algo em movimento com a fotografia *Hyères*, em 1932. Podemos ver a ideia do movimento nas fotos da Figura 38, de Thomas Bresson.

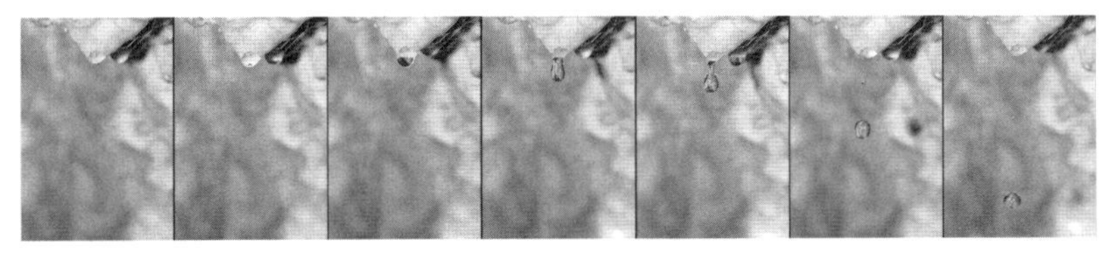

Figura 38 – Fotografia de Thomas Bresson que mostra a formação de uma gota d'água na ponta de uma estalactite, em Fort du Salbert. Fonte: Fondation Henri Cartier-Bresson, Paris.

Essa forma de reprodução possui qualidades intrínsecas que revelam percepções, construções lógicas e ações nesse período. Ao representar a natureza, o homem descobre as placas de prata iodadas que, se expostas aos raios de luz, geram matrizes para prensar, podendo reproduzir imagens, por meio do processo fotográfico. Isso nos faz crer que a fotografia é a representação do mundo real; no entanto, num segundo instante, indo além do objeto real fotografado, observamos um signo que, como tal, contém "algo que não pode ser silenciado, que reclama com insistência o nome daquele que viveu ali":[7] o real. A fotografia, em vez de controlar o mundo, é por ele controlada.

De fato, a fotografia tem uma importante contribuição na mudança da percepção artística. Não podemos deixar de perceber que a chapa fotográfica imprime no papel, instantaneamente, a realidade fotografada. Assim, a pintura, que antes registrava os fatos do mundo por meio das telas, cede espaço para a fotografia, que necessita procurar novas soluções plásticas, técnicas e materiais para se expressar. Essa busca encontra no processo de elaboração da foto, nos pigmentos materiais e na decomposição ótica o tema para compor o mundo artístico. Isso pode ser observado nas expressões faciais da pintura de Honoré Daumier em *Vagão de terceira classe* (Figura 39); em Vincent van Gogh na obra *Os comedores de batata*; em Edgar Degas no quadro *O absinto*; e, evidentemente, em toda a produção de Henri de Toulouse--Lautrec, principalmente naquelas obras em que ele retrata Jane Avril e o mundo do Moulin Rouge.

Figura 39 – *Vagão de terceira classe*, de Honoré Daumier (1862). Fonte: Galeria Nacional do Canadá, Canadá.

Verificamos que essas obras artísticas vão além da representação pura e simples do mundo concreto e de suas realidades. Elas estão diante de algo que se pode captar no ar, as coisas do "inconsciente", que fundamentam as ideias de Freud.

Procurando compreender a luz como fenômeno em si, observamos que a fotografia passa a capturar o momento real vivido, enquanto a pintura tenta compreender conceitualmente como a luz se comporta diante de nossos olhos. Nascem, então, os movimentos artísticos impressionista, pós-impressionista, expressionista e pontilhista, apresentados nas obras de Manet, Degas, Renoir, Van Gogh, Gauguin, Toulouse-Lautrec e George Seurat, entre outros que estão representando o imaginário, capturando o efêmero, a tensão, o movimento, a luz, o instantâneo, como está ilustrado na *Litografia* de Manet, na Figura 40.

Figura 40 – Litografia em giz de cera com raspagem em *chine collé* montada em papel tecido grosso da *Execução do Imperador Maximiliano*, de Édouard Manet (1862/1872). Fonte: Museum of Fine Arts, Houston.

Por outro lado, também vemos a representação do movimento na sequência fotográfica realizada por Muybridge, na Figura 41.

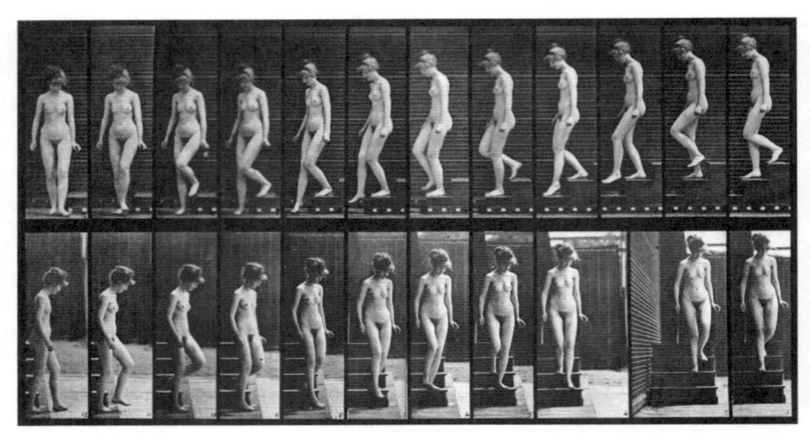

Figura 41 – *Figura feminina em movimento*, de Eadweard Muybridge (1830-1904). Disponível em <http://mundo-da-fotografia.blogspot.com/2009/01/>. Acesso em 25/5/2019.

O homem passa a representar o movimento da janela do trem como um quadro na exposição de arte. A relação de velocidade determinada pelo tempo e pelo espaço gerando o movimento modifica-se. O espaço-tempo transforma-se em uma entidade única.

A perspectiva renascentista passa a ser incorporada à máquina fotográfica. Obviamente, nesse momento, os artistas não querem mais representar suas criações plásticas de forma realista com base no ponto de fuga, porque a foto faz isso bem melhor e mais rapidamente. Dessa maneira, as artes plásticas passam a representar através de uma multiplicidade de visões. Com certeza, no começo do século XX, estamos caminhando para o esgotamento dos valores mecânicos, os quais são expressos pelas estéticas cubista, concretista, futurista, suprematista e abstracionista. A arte representa-se a si mesma. A obra de arte passa a ser o próprio objeto artístico.

Um dos expoentes desse tipo de expressão é Piet Mondrian, que, ao reduzir suas soluções plásticas às linhas verticais, horizontais e às cores primárias, extermina radicalmente de sua obra as formas figurativas, eliminando, desse modo, toda e qualquer possibilidade de representação do real (Figura 42).

Figura 42 – *Composição A: composição com preto, vermelho, verde, cinza, amarelo e azul*, de Piet Mondrian (1920). Fonte: Museu de Stedelijk, em Amsterdam.

Apenas os títulos das composições sugerem certa relação com a realidade observada. Na Rússia, a Revolução Comunista está em andamento, e, logicamente, as artes são sensíveis a isso. Estruturando-se em outra base de sustentação econômica, proposta por Marx, Engels e seus seguidores, e calcados na racionalidade do pensamento dialético materialista, vemos nascer os trabalhos de Kandinsky. Procurando, a seu modo, novos espaços de representação, por acaso ele descobre que sua arte nada deve representar, a não ser ela própria.

Figura 43 – *Composição em preto e violeta*, de Wassily Kandinsky (1923). Fonte: Wikimedia Commons.

Kandinsky observa, de repente, na parede de sua sala, um quadro de extraordinária beleza, brilhando com um raio interior. No entanto, ele percebe que se tratava de uma tela realizada por ele que estava pendurada de cabeça para baixo. Desse modo, considerando as emoções psicológicas que os diversos tons transmitiam, Kandinsky busca a emoção pura e lírica da representação concreta de uma "colagem abstrata", como ele denominava seus trabalhos. Esse caráter psicológico sobre as concepções artísticas há muito vem sendo utilizado pelos pintores no período da Revolução Industrial. Desde o Romantismo, passando por todos os "ismos", até o Surrealismo e o Dadaísmo, nas telas e nas representações visuais, encontramos incorporadas as coisas do inconsciente.

Podemos citar Pablo Picasso, um artista que viveu quase todos esses movimentos, cuja obra intitulada *Guernica* (Figura 44) representou o bombardeio por meio da técnica de saturação na pintura, que era empregada de forma bélica nas grandes guerras mundiais. Com isso, Picasso foi capaz de transmitir o profundo estado psíquico de agonia e de horror que as guerras causam. Nesse caso, o artista estava representando a Guerra Civil Espanhola, que aconteceu entre 1936 e 1939.

Figura 44 – *Guernica*, de Pablo Picasso (1937). Fonte: Museu Nacional Centro de Arte Reina Sofía.

Entretanto, Pablo Picasso não fica nisso. Pela dinâmica de sua produção, ele se aproxima da produção em massa, que é a característica do final desse momento histórico e também nos remete à Pós-Modernidade com Marcel Duchamp, o qual, com sua obra escrita e representada, pode ser considerado um artista que vive a transição da Modernidade aos dias de hoje. Essa transição foi marcada pela obra *Ready-made* (Figura 45).

O homem busca na exploração dos diversos materiais e em todas as dimensões possíveis as formas de se expressar artisticamente. A "arte modernista deixa de ser um discurso do real e passa a ser considerada como sendo uma fração deste. Fica evidenciada a força material da arte impulsionando o mundo concreto".[8]

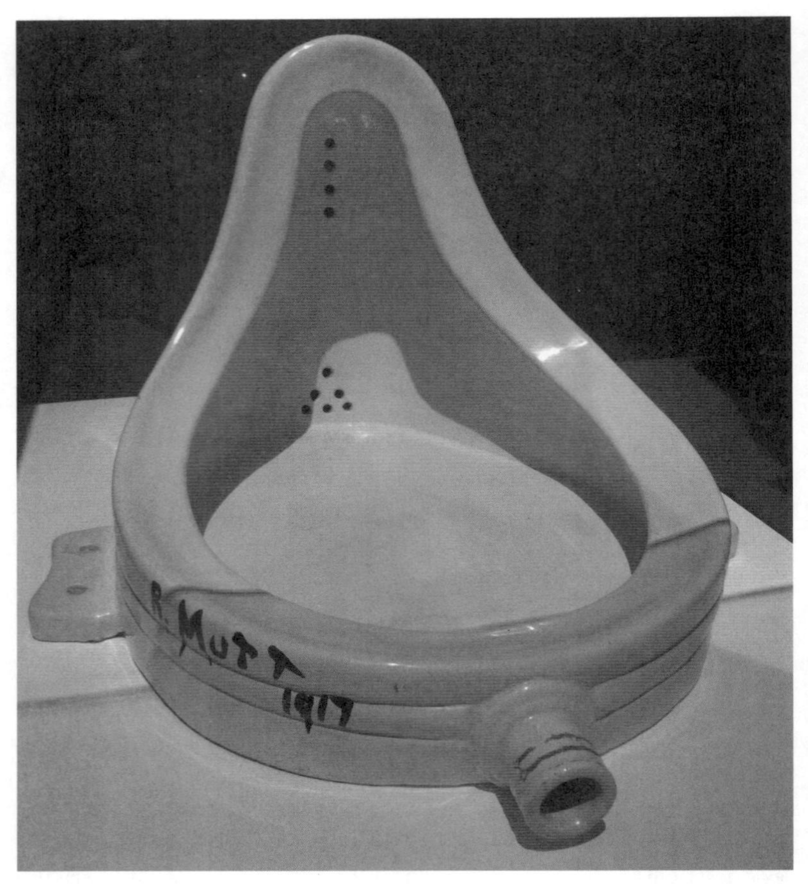

Figura 45 – *Ready-made*, de Marcel Duchamp, assinado com o pseudônimo de R. Mutt – com o título de "*Fonte*" (1917). Fonte: Centro Pompidou, Paris.

Os "ismos", explorando o reino da imaginação, dos sonhos, dos objetos concretos no labirinto da mente humana, constroem o fazer artístico e suas reflexões, que, a partir de agora, fazem-nos perceber o mundo de forma coletiva. A criação conjunta homem-máquina dá à segunda a parceria nas criações do mundo, que antes era privilégio somente dos seres humanos. Isso nos causa angústia e aflição e nos faz aprender a conviver com um mundo de contradições e lutas.

5.3 Os conceitos de sequência e repetição na matemática

Ao observarmos o triângulo de Pascal (1623-1662) como um triângulo aritmético infinito, identificamos uma representação geométrica com características matemáticas bem interessantes. Além de se relacionar com o binômio de Newton e com a sequência de Fibonacci, hoje, constatamos que ele permite estudar o fenômeno das sequências e do "acaso" e, assim, vemos o nascimento de uma das principais áreas de estudo da matemática nesse momento histórico: a teoria das probabilidades. Verificando a possibilidade de ocorrência de um evento, essa teoria reflete as certezas e as incertezas de nosso mundo em constante movimento, submetido a uma infinidade de contradições.

Blaise Pascal viveu intensamente tais contradições políticas e religiosas, que o fizeram acreditar na razão da espécie humana e contraditoriamente em milagres. Isso o levou a reformular, por várias vezes, seus pensamentos, explicitando a tal dialética presente na Modernidade. Se pudéssemos ver com os olhos desse matemático, talvez percebêssemos como ele que nossa natureza está no movimento e que o inteiro repouso é a morte.

> Os sonhos são todos diferentes e se diversificam, o que se vê neles nos afeta bem menos do que o que se vê em vigília, por causa da continuidade, que não é, contudo, tão contínua e igual. Parece-me que sonho [...] pois a vida é um sonho um pouco menos inconstante.[9]

Ao produzir esses pensamentos, o inventor da máquina de cálculos dá conta de dois princípios característicos do período industrial mecânico: o conceito de contínuo, encontrado na matemática por meio dos procedimentos infinitesimais e do cálculo diferencial e integral; e o sonho, que, ao passar pelo estado de vigília, torna conscientes os fragmentos do inconsciente, demonstrando que o contínuo e o descontínuo não passam de uma questão psicológica.

Portanto, podemos dizer que a noção de finito e infinito, como algo possível de ser estudado, está, definitivamente, introduzida na matemática. Tentando compreender o que é o infinitamente pequeno e o infinitamente grande, vemos o matemático Gottfried W. Leibniz (1646-1716) e o físico Isaac Newton (1643-1727) estudando as operações algébricas, o cálculo geométrico, a noção de continuidade e limite e suas possíveis combinações em base euclidiana, sem, contudo, reconhecer as verdadeiras contradições desse pensamento. As figuras em suas infinidades, associadas ao pensamento cartesiano, concebem ordem e medida de maneira independente e nos fazem acreditar que estamos operando sobre um sistema todo coeso. Verificamos que as

> [...] elaborações pós-cartesianas de um cálculo geométrico se efetuam, desde então, no sentido de uma dissociação entre a grandeza e o ser geométrico que mais tarde se concretizará em uma nova dissociação mais apurada ainda, operada no seio do ser geométrico.[10]

Ao estudarmos as infinitudes, no cálculo diferencial e integral, e as possibilidades de ocorrência de um evento, na teoria da probabilidade, somos conduzidos ao seio da percepção sistêmica na matemática. No entanto, esses conceitos, se levados às últimas consequências, explicitam as contradições e a dialética presentes na matemática, que podem ser expressas nas formulações da geometria não euclidiana e dos conjuntos não cantorianos.

De fato, a análise diferencial e integral, desenvolvida naquela época, fundamentou o pensamento de Leibniz e de Newton, que chegam a uma consistência sistêmica formulada por Euler. Ele unificou em uma fórmula o cálculo diferencial e integral, a teoria das probabilidades, a teoria das séries, a teoria das funções, a álgebra e também a filosofia matemática.

Para melhor compreender esse momento histórico, devemos partir das formulações de Descartes e Leibniz, as quais devem ser unidas às ideias empiristas de F. Bacon, Locke, Hobbes e Hume ao formularem todo o pensamento científico desse momento histórico. Pelo lado da matemática e da física, encontramos a obra de Isaac Newton estabelecendo os princípios matemáticos da Modernidade. Newton, por meio de seus *Princípios matemáticos da filosofia natural* e do *Método matemático das fluxões*,[11] permitiu a idealização do cálculo integral e diferencial e o cálculo das áreas limitadas por curvas ao tratar das questões do movimento dos corpos.

Esses pensamentos, aliados à teoria das séries infinitas, propiciam tratar do cálculo infinitesimal ou do cálculo diferencial e integral. Newton vai mais longe, contribuindo para diversos segmentos da matemática: propõe o teorema binomial; apresenta a transição de potência inteira para fracionária; descobre a lei da gravitação universal, que estabelece que matéria atrai matéria na razão direta das massas e inversa do quadrado das distâncias; elabora o método de análise indutiva, que permite realizar experimentos e observações, e, somente a partir daí, tirar conclusões gerais mediante a indução; e, finalmente, estuda a natureza das cores, que vai auxiliar os artistas na utilização da luz como referência de representação. Nossas representações fotográficas imprimem a luz no suporte fotográfico e, assim como as gravuras, são reproduzidas em série.

Coerente com sua concepção mecânica do universo, Newton toma o espaço e o tempo relacionados entre si por meio da velocidade, porém considerados objetos de estudo separados. Ele afirma que o "espaço absoluto permanece constantemente igual e imóvel, em virtude de sua natureza, e sem relação alguma com nenhum objeto exterior"; que "o corpo está no espaço que ocupa"; que "qualquer coisa que não estivesse nem em nenhum lugar nem em algum lugar, na realidade não existiria"; ou ainda que "o tempo absoluto, verdadeiro e matemático por si mesmo e por sua natureza flui uniformemente, sem relação com nada externo, por isso mesmo sendo chamado de duração".[12] Com essas formulações, Newton apresenta algumas características marcantes do pensamento da física nesse período e, assim, define um mundo materialista totalmente fragmentado. Essa divisão mecânica do universo em tempo e espaço absolutamente determinados possui uma característica metafísica.

No final desse período, a "reprodutibilidade técnica", na medida em que substitui a existência da obra única por uma existência serial,[13] gradativamente vai transformando nossa percepção. Os sistemas univocamente determinados não existem mais, assim como criações passam a ser divididas entre diversos autores. Na ciência, Newton e Leibniz disputam a autoria da descoberta do cálculo diferencial, que, na realidade, foi idealizada por ambos e simultaneamente. Posteriormente, temos Möbius, Hamilton e Grasmann, que, ao mesmo tempo, chegam à ideia moderna de espaço vetorial, obviamente não na complexidade que conhecemos hoje, mas tendo em seu interior a semente da desvinculação entre os conceitos de ordem e medida.

A procura por estruturas sistêmicas acontece por todos os lados. Elas são geradas em vários locais diferentes, porém com os mesmos princípios e sem que os pesquisadores tenham conhecimento do que o outro está realizando. Nessa total sintonia de *insight* e de formulações, vemos o *Zeitgeist* definindo nossos procedimentos e criações.

A teoria da probabilidade é outra área do conhecimento matemático que também surge dividida entre vários autores: Euler, D'Alembert e a família Bernoulli; contudo, sua criação é atribuída a Pierre Simon Laplace (1749-1827). Ao tentarem aplicar a todos os aspectos da sociedade os métodos quantitativos, eles elaboram textos tratando de problemas de expectativa de vida, acerca do valor de uma anuidade, sobre loterias e a respeito de outros aspectos das ciências sociais.

O *Método dos fluxos*, de Newton, olha para o cálculo comparando a variação das funções de movimento dos corpos e estes, respectivamente, com as áreas das figuras obtidas. Por sua vez, Leibniz, empregando algoritmos e tratando o cálculo de maneira metafísica, "introduziu a noção de quantidades infinitamente pequenas". A partir do conceito racionalista de Descartes, ele cria o conceito de "mônada" e lança "as bases de uma combinatória universal, espécie de cálculo filosófico que lhe permitiria encontrar o verdadeiro conhecimento e desvendar a natureza das coisas".[14]

No entanto, o cálculo filosófico dos "Princípios do Conhecimento", elaborado por Leibniz, tomou direção oposta. Sua concepção geométrica e mecânica dos corpos introduz uma ideia moderna e dinâmica de mundo, isto é, a noção da matéria em ação relacionando forças vivas e verdadeira contradição. Um conjunto dialético que considera o universo composto por unidades de força: a mônada que oscila entre o máximo de bem e o mínimo de mal, equilibrando-se internamente.[15] Newton, a partir do pensamento de Leibniz e completando o pensamento dos empiristas, em especial o de Locke, afirmava que

> [...] nada há no intelecto que não tenha passado primeiro pelos sentidos, a não ser o próprio intelecto. Portanto, as mônadas caracterizam-se por estarem na percepção, na apercepção, na apetição e na expressão. Ao serem representadas nunca são impressões totalmente claras pelo fato de que o universo é múltiplo e infinito, enquanto que toda substância, isto é, toda mônada, com exceção de Deus, é necessariamente finita.[16]

Newton, a partir das características desse elemento definido por Leibniz, esboça similaridades com as ideias de Freud, nas quais a percepção representa as coisas, uma a uma, do universo e

> [...] a apercepção é a capacidade que a "mônada espiritual" tem de autorrepresentar-se e de refletir-se. A mônada é consciência. A apetição consiste na tendência que cada mônada tem de fugir da dor e desejar o prazer, exatamente igual aos instintos de dor e de prazer que sustentam as teorias freudianas. Finalmente, as mônadas [...] não recebem seus conhecimentos de fora, mas têm o poder interno de exprimir o resto do universo, a partir de si mesmas.[17]

O raciocínio dialético de Leibniz conduz a uma ideia lógica que abre caminho para os novos espaços de representação. Ao serem estruturados, percebemos a possibilidade de traduzir uma ordem lógica em outra. Estamos prontos para conceber nossos sistemas a partir dos axiomas e dos postulados. Em última análise, eles possibilitam que relacionemos os diversos segmentos da matemática e da lógica.

Esses conceitos conduzem-nos aos paradoxos matemáticos desse século. São eles: o "axioma das paralelas", na geometria; o "axioma da escolha", na teoria dos conjuntos; e o "princípio de continuidade" do cálculo diferencial e integral. A teoria axiomática, em sua essência, leva-nos a perceber as "imagens dialéticas".

Os dois primeiros conceitos são fundamentais para a compreensão da Modernidade na matemática. Tanto o "axioma das paralelas" quanto o "axioma da escolha" são de fácil compreensão em virtude de sua relação aparente com os dados sensíveis de nossa percepção. Assim, o corpo como substância das coisas materiais e como algo infinitamente divisível que não possui vazios, como o que é perfeitamente transparente ao pensamento geométrico-algébrico, como o homogêneo e o contínuo, pode ser encontrado, dialeticamente, no que é mole, disforme, obscuro, confuso e descontínuo.

O axioma das paralelas elaborado por Euclides, também conhecido como paradoxo das paralelas, permite compreender a matemática de forma estruturada como um sistema dedutivo. De fato, é um sistema organizado por regras consideradas universalmente aceitas, organizadas por axiomas que serão formulados por meio de deduções. Assim, o axioma das paralelas, que é o mais complexo, é exatamente aquele que nos introduzirá no paradoxo das paralelas.

Portanto, o último axioma de Euclides sempre despertou o interesse dos matemáticos. Na tentativa de deduzi-lo logicamente a partir dos anteriores, os matemáticos fazem nascer a geometria não euclidiana, atribuída ao russo Nicolai Lobachevsky. A "geometria imaginária", como foi denominada em um artigo de Lobachevsky, publicado em

1929, com o título "On the principles of geometry", deixa explícito que o quinto axioma de Euclides não pode ser demonstrado a partir dos anteriores, e que, ao tentarmos fazê-lo, encontramos novos espaços matemáticos de representação: as geometrias hiperbólica e elíptica, respectivamente atribuídas a Lobachevsky e Riemann.

A geometria hiperbólica, que parecia tão contrária ao senso comum, foi desenvolvida na Hungria por Janos Bolyai (1802-1860), que, depois de ter achado que havia demonstrado o axioma das paralelas, resolveu mudar de tática e, em vez de partir para uma demonstração por absurdo, desenvolveu o que ele denominou de "ciência absoluta do espaço", a qual tinha como hipótese a negação do axioma das paralelas. Bolyai enunciou o quinto axioma da seguinte forma: por um ponto fora de uma reta podemos traçar infinitas retas paralelas à reta dada, pertencentes ao mesmo plano, não apenas uma. Assim, a partir dos estudos desenvolvidos para a apresentação desse axioma, descobriram-se novos caminhos para a matemática, com novas áreas de conhecimento na geometria: os espaços não euclidianos de Lobachevsky-Bolyai e o de Riemann.

A tese de doutorado de Riemann sobre a teoria das funções de variáveis complexas introduz a noção de superfície em espaço topológico. Essas superfícies são conhecidas como "as superfícies de Riemann". Ao serem unidas às geometrias conhecidas, remetem-nos à topologia – ramo da matemática que trata de todos os espaços topológicos possíveis. Todas as estruturas matemáticas, a partir desse momento, têm, de algum modo, relação entre si, o que permitirá estabelecer similaridades entre as diversas áreas da matemática, da teoria dos números à lógica.

No início do século XX, por meio de princípios semelhantes àquele que gerou as geometrias não euclidianas, encontramos outra contradição que reformulará os princípios matemáticos na teoria dos conjuntos. Essa nova concepção apresenta um problema similar ao do axioma das paralelas: o axioma da escolha. Baseado também em um paradoxo, George Cantor (1845-1918) vai tratar da questão da cardinalidade dos conjuntos, que pode ser assim definida: dois conjuntos são semelhantes, se possuem a mesma cardinalidade, ou seja, a semelhança entre conjuntos está fundamentada no número de elementos que cada um possui.

Se dois conjuntos, finitos ou infinitos, podem ser colocados lado a lado com correspondência um a um entre seus elementos, isto é, correspondência biunívoca, podemos dizer que eles possuem a mesma cardinalidade. Aí surge o primeiro problema que Cantor teve que enfrentar, ou seja, todo o conjunto infinito tem a mesma cardinalidade? Ao responder a essa questão, ele usa um método gráfico de solução que é a "demonstração em diagonal" e que estabelece uma relação visual e unívoca entre todos os elementos que compõem os dois conjuntos; cada elemento do primeiro conjunto corresponde a um elemento do segundo conjunto, de forma unívoca. Essa comparação, em geral, é feita com o conjunto dos números naturais, que é conhecido e tem cardinalidade definida.

Com relação à correspondência entre elementos de um conjunto, fica clara a não equivalência entre o conjunto dos pontos sobre um segmento de reta e o conjunto dos números naturais. São conjuntos com infinitudes diferentes. No primeiro conjunto, os elementos não podem ser colocados em correspondência com o conjunto dos números naturais, que é um conjunto enumerável e possui cardinalidade denominada "álefe zero".

A definição de cardinalidade está relacionada ao tamanho dos conjuntos, o que nos faz querer descobrir como se comportam os conjuntos infinitos. Os matemáticos, ao tentarem solucionar a questão do "paradoxo de Cantor", ordenando os conjuntos infinitos de qualquer natureza, chegam à "hipótese do contínuo", que discute a ordenação dos pontos de um segmento de reta, ou, melhor dizendo, trata do problema do conjunto de todos os conjuntos. O paradoxo está na pergunta: o conjunto formado por todos os conjuntos é um conjunto ou um elemento desse conjunto?

O paradoxo consiste no fato de que, para uma coleção de conjunto inconcebivelmente grande, não há nenhuma maneira de escolher, um a um, os elementos do conjunto dos conjuntos. Na verdade, estamos considerando o axioma da escolha como algo *a priori* para a teoria dos conjuntos, isto é, um axioma como esse, se extraído da teoria ingênua dos conjuntos, indica a inconsistência dessa teoria. Na verdade, se retirarmos o axioma da escolha da teoria ingênua dos conjuntos, estamos descobrindo novas estruturas sistêmicas na matemática. Assim como o axioma das paralelas trata da questão do infinito na geometria, o axioma da escolha cuida da questão das infinitudes na teoria dos conjuntos.

Essas formulações nos levam a elaborar a teoria dos conjuntos não cantorianos. Kurt Gödel (1906-1978), com a "teoria da não completude", baseado na teoria dos conjuntos não cantorianos, estuda profundamente os paradoxos matemáticos desse período. Gödel, em seus estudos, conclui que,

> [...] se a teoria restrita dos conjuntos é consistente, o mesmo acontece com a teoria convencional dos conjuntos. Em outras palavras, o axioma da escolha não é mais perigoso do que os outros axiomas; se for possível achar uma contradição na teoria convencional dos conjuntos, então já devia haver uma contradição escondida na teoria restrita dos conjuntos.[18]

Esses dois aspectos, o axioma das paralelas e o da escolha, tocam profundamente nas estruturas sistêmicas da matemática nesse momento. O mundo da ordem e da medida está irremediavelmente abalado. A hipótese do contínuo e o estudo sobre as infinitudes das representações geométricas e dos conjuntos, ao buscarem a ordenação e uma consistência interna, descobrem a serialidade e o paradoxo nas representações matemáticas.

Encontramos um mundo de portas entreabertas onde as estruturas não possuem mais uma única base de sustentação. Os conceitos sistêmicos que nos conduziram às convicções fragmentárias e materiais dialeticamente estão produzindo novos conceitos, novos signos, novos significados, que, na matemática, transformaram radicalmente a noção de espaço e a de tempo.

O ser geométrico intuitivo começa a se desligar da estrutura que o gera, por meio da teoria axiomática, e os caminhos estão todos abertos para a pesquisa dos espaços topológicos de representação. As geometrias não euclidianas, os conjuntos não cantorianos e a teoria dos infinitésimos são objetos abstratos percebidos, agora de forma sistêmica, mediante as teorias axiomáticas.

Em consequência da descoberta de novos espaços matemáticos de representação e tentando reafirmar a racionalidade de nosso modo de pensar, encontramos o materialismo dialético, o sonho e outra lógica de interpretação centrada na subjetividade, estruturando-se. Todos esses conceitos passam a refletir suas estruturas baseadas nos elementos que se repetem pela serialidade. Enquanto a matemática estuda a "teoria do acaso" e a "teoria da probabilidade" observando os fenômenos que se repetem, Marx trata da repetição histórica, e Freud, da repetição dos sonhos.

Nesse sentido, "é preciso despedir-se do passado" para "não o recalcar". Consequentemente, "existe uma relação com o passado, que é a da repetição, que é a de sua reconstrução, que é a do materialismo revolucionário, no sentido benjaminiano. Para esquecer, primeiramente é preciso lembrar".[19]

O acaso, as incertezas, a teoria da probabilidade, os espaços não euclidianos, os conjuntos não cantorianos e a continuidade nos conjuntos evidenciam algo frágil; além de não estabelecerem certezas absolutas, apresentam, paradoxalmente, a relatividade de nossa percepção. Identificamos nossas estruturas dialeticamente dilaceradas tentando encontrar sistemas de representação que possam organizar os conteúdos artísticos e matemáticos – enfim, todas as áreas do conhecimento humano estão abaladas.

5.4 Os conceitos de sequência e repetição no *Processing*

A produção em série e a repetição são as marcas registradas do período industrial mecânico. Elas têm a potencialidade de se reproduzirem infinitamente, se assim o desejarmos. Do mesmo modo, a capacidade de repetição é uma das principais características dos sistemas computacionais.

Uma característica importante da programação é a função de repetição de uma ação. Os comandos formulados pela sintaxe *for*, *while* e *void* permitem repetir tarefas que, ao serem associadas ao comando *if*, definem as funções básicas dos sistemas computacionais. Podemos dizer que as decisões dos sistemas computacionais são formuladas por esses comandos, que possibilitam estabelecer os caminhos que os algoritmos tomarão para resolver os problemas.

As funções de repetição e o comando de definição dos caminhos estabelecem a lógica a ser utilizada em um programa computacional, o qual, como vimos, está baseado no sistema binário 0 e 1, em que o pulso elétrico é o 1, quando passa energia; se em 0, não passa energia. Essa é toda a estrutura lógica dos computadores.

5.4.1 O comando condicional if, else *e* else if

As condições nos sistemas computacionais permitem que um programa tome decisões sobre quais linhas de código serão executadas e quais não o serão. Elas possibilitam que as ações ocorram somente quando uma condição específica é atendida. A função condicional *if* viabiliza que o programa tome caminhos diferentes dependendo dos valores de suas variáveis. O comando *if* decide a direção que o programa tomará depois de constatar a validade ou não do teste, isto é, dada uma expressão, o teste verifica se ela é verdadeira ou falsa. Quando a expressão de teste é verdadeira, o código dentro da "chave" é executado. Se a expressão é falsa, o código é ignorado.

No *Processing*, a generalização da função *if* é:

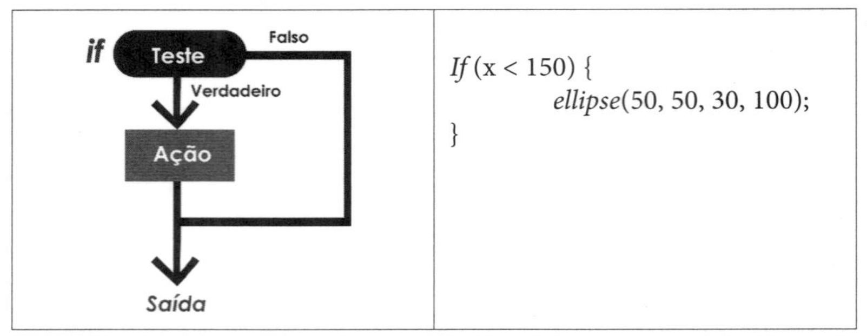

Figura 46 – Esquema genérico do comando *if* no *Processing* e exemplo. Fonte: Os autores.

No *Processing*, a generalização da função *if* e *else* é:

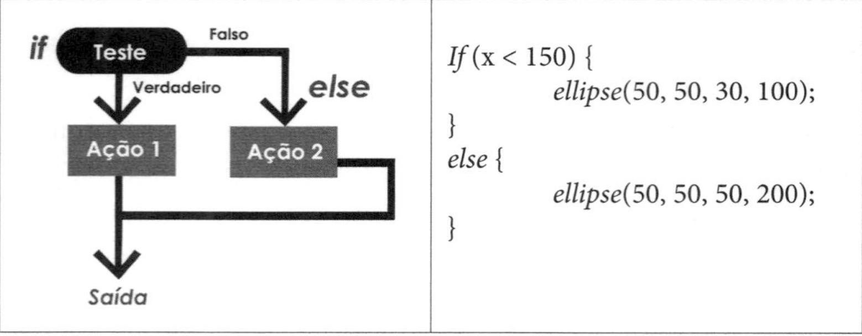

Figura 47 – Esquema genérico do comando *if* e *else* no *Processing* e exemplo. Fonte: Os autores.

Por fim, no *Processing*, a generalização da função *if* e *else if* é:

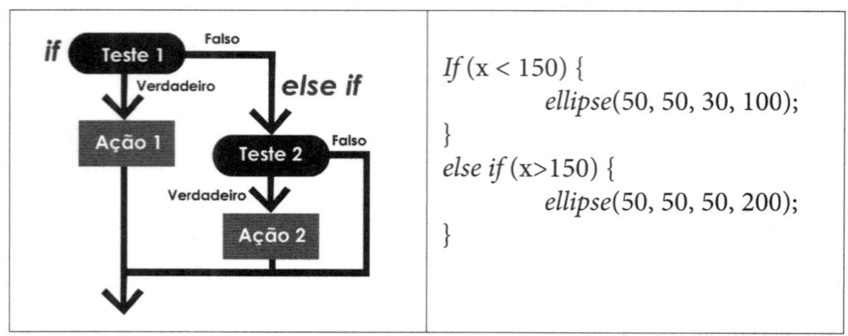

Figura 48 – Esquema genérico do comando *if* e *else if* no *Processing* e exemplo. Fonte: Os autores.

No tópico a seguir, a linguagem de programação do *Processing* vai se concentrar na explicação dos comandos que visam controlar os caminhos a serem percorridos, o fluxo dos programas e suas estruturas iterativas. Os primeiros computadores calculavam de forma mecânica com muita velocidade e precisão na realização dos cálculos repetitivos. Hoje, verificamos que os computadores são interfaces que executam tarefas repetitivas com mais precisão e rapidez. Com base no trabalho dos lógicos Leibniz e Boole, os computadores atuais usam operações lógicas como *e* (*and*), *ou* (*or*) e *não* (*not*) para definir quais linhas de código serão executadas e quais não o serão. Temos também os comandos *for*, *while* e *void* que definem a execução dos comandos de forma repetitiva.

5.4.2 O comando condicional for

Comecemos pelo comando *for*. As estruturas iterativas são usadas para compactar as linhas de códigos de um programa. O fluxo do código *for*, como mostra o diagrama da Figura 49, detalha a importância central da instrução de teste ao decidir se deve executar o código de ação ou sair da rotina. O diagrama é o formato genérico.

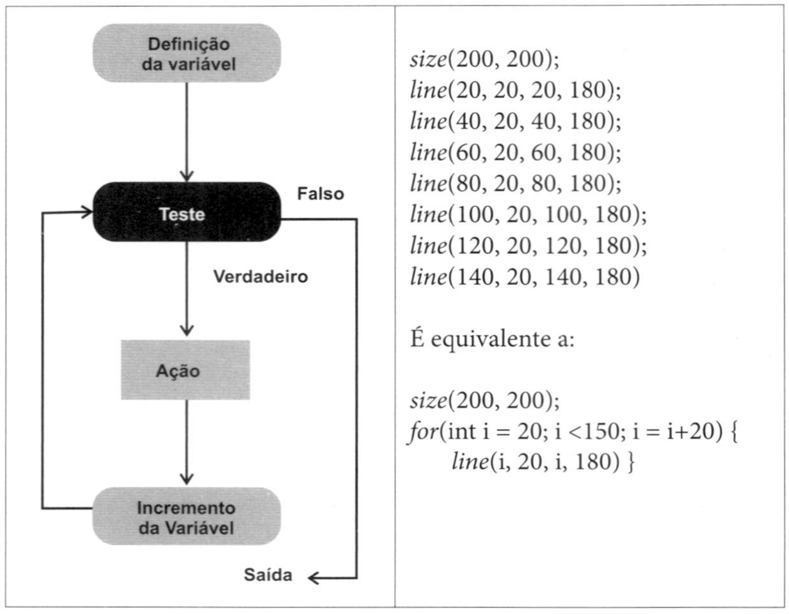

Figura 49 – Esquema genérico do comando *for* no *Processing* e exemplo. Fonte: Os autores.

Ao lado do diagrama, temos um caso específico que mostra o código extenso e o simplificado com o comando *for*. Os parênteses associados à estrutura incluem três instruções: variável, teste e atualização da variável. As instruções dentro do bloco (ação) são executadas continuamente, enquanto o teste é avaliado como verdadeiro. A parte variável recebe um valor inicial – no caso do exemplo é o valor 20. Após cada iteração, o programa acrescenta 20 à variável, e, assim, o programa é executado na seguinte sequência:

1. A instrução variável é executada (atribui valor 20 para i);
2. O teste é avaliado como verdadeiro ou falso;
3. Se o teste for verdadeiro, o programa continua executando a ação. Se o teste for falso, a rotina é abandonada; e
4. O programa abandona a rotina do *for* e continua executando o programa.

5.4.3 O comando condicional void setup *e* void draw

Todos os programas que apresentamos até o momento são executados apenas uma vez. A partir de agora, vamos tratar de programas que necessitam funcionar continuamente; logo, são programas que precisam ser controlados na velocidade de execução. Todos os programas que rodam animações ou que respondem às informações ao vivo devem ser processados continuamente. Programas em execução contínua podem usar o *mouse* e o teclado para a entrada de dados.

Assim, todos os programas que são executados continuamente devem ter em sua rotina a função *void draw*(). O código dentro de um bloco *void draw*() é executado em um *loop* (continuamente) até que o botão de parada seja pressionado ou a janela seja fechada.

Um programa pode ter apenas um *void draw*(). Cada vez que a função *void draw*() é executada, o resultado é desenhado na tela e um novo quadro de exibição é mostrado. Em seguida, a rotina *void draw*() começa a executar o bloco novamente a partir da linha inicial do *void draw*().

Por padrão, os quadros são desenhados na tela a 60 quadros por segundo (fps). A função *frameRate*() altera e controla o número de quadros exibidos por segundo. A função *frameRate*() controla a velocidade mínima – não é possível acelerar um programa que é executado mais lentamente em função das limitações do equipamento. A variável *frameCount* sempre contém o número de quadros exibidos, assim que o programa começa.

Cada programa pode ter apenas um código de configuração *void setup*() e um *void draw*(). Quando o programa passa pelo código do *void setup*(), o *void draw*() é executado. O código dentro do bloco *void setup*() é executado uma única vez. Depois disso, o código do *void draw*() é processado continuamente até que o programa seja interrompido.

A variável é declarada fora do *void setup*() e do *void draw*(). Assim, ela será uma variável global que pode ser alterada em qualquer parte do programa. Algumas funções precisam ser executadas uma única vez, portanto os comandos *size*() ou *loadImage*() devem ser processados no *void setup*(). As únicas declarações que devem ocorrer fora do *setup*() e do *draw*() são declarações e atribuições de variáveis. Se um programa desenhar apenas um quadro, ele poderá ser gravado inteiramente dentro do *setup*(). A única diferença entre *setup*() e *draw*() é que o primeiro é executado uma única vez; antes, *draw*() inicia uma execução contínua (*looping*), portanto as formas desenhadas no *setup*() aparecerão na tela de *display*. Veja o esquema da Figura 50, que trata das funções *setup* e *draw* de modo genérico:

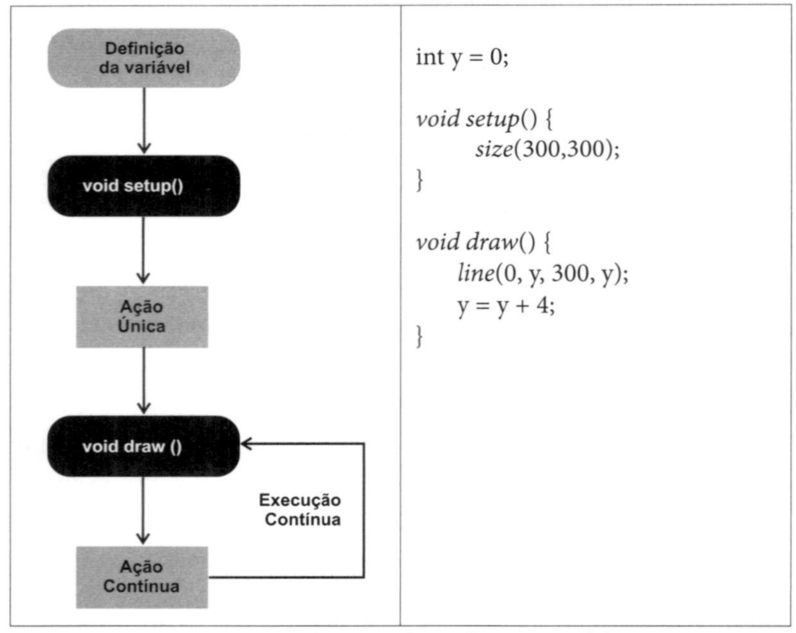

Figura 50 – Esquema genérico do comando *void setup* e *void draw* no *Processing* e exemplo. Fonte: Os autores.

5.5 Saiba mais

Benjamin introduz o conceito de *aura* e de *perda da autenticidade*. A reprodução técnica desvaloriza o "aqui e agora" e valoriza a serialidade; logo, a aura da obra de arte é perdida. As obras artísticas deixam de ser únicas e exclusivas para se tornarem bens comuns, e sua reprodução passa a ser em série. Com a chegada da fotografia e do filme sonoro, há uma quebra entre o valor de culto e o valor de exposição. No valor de culto, é necessário que a obra mantenha seu mistério e seu encantamento e, com isso, através da reprodução técnica, ela expande seus níveis de exposição. O olhar através das câmeras nos leva ao inconsciente ótico, tal como a psicanálise; consequentemente, a reprodutibilidade técnica mudou a aparência da autonomia da obra de arte:

BENJAMIN, Walter. *Obras escolhidas: magia e técnica, arte e política*. Trad. Sérgio Paulo Rouanet. São Paulo, Brasiliense, 1985.

Este texto busca a descoberta de formas e linguagens artísticas que estão presentes na obra de Octavio Paz a respeito de Marcel Duchamp e Pablo Picasso. Paz publica suas reflexões críticas sobre o artista francês e o espanhol na década de 1960. Ele começava a penetrar no cenário artístico por intermédio de Cage e da *Pop Art*. Os textos de Octavio Paz sobre Duchamp e Picasso são também uma convocação para repensar o estatuto tanto da criação artística quanto da noção de obra em face da crise das vanguardas, bem como o fazer poético a partir dos movimentos artísticos dadaísta e surrealista, o que o torna definitivamente um "clássico" sobre a Modernidade:

PAZ, Octavio. *Marcel Duchamp ou o castelo da pureza*. São Paulo, Perspectiva, 1977.

5.6 Atividades a serem desenvolvidas

Atividade 1: Foi mencionado ao longo do texto que muitos artistas mudaram e inovaram sua produção, como Rubens, Ticiano, Rembrandt, David, Ingres e Goya. Analisar algumas obras desses autores e verificar como eles introduziram essas mudanças e inovações. Quais os elementos de matemática que podem ser encontrados no trabalho desses artistas?

Atividade 2: Refazer as mandalas utilizando formas geométricas, os conceitos de rotação e translação e os comandos de repetição, como *for*. Tente refazer o programa usando os comandos *if* e *void*.

Atividade 3: Exercício da bolinha em três etapas, usando conceitos de algoritmo:

a) Bolinha subindo e descendo na tela do *display*;

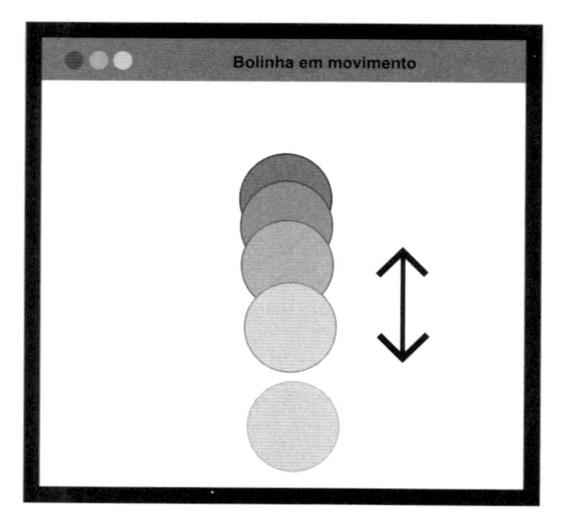

Figura 51 – Imagem da bolinha subindo e descendo na tela do *display*. Fonte: Os autores.

b) Bolinha rebatendo nas bordas do *display*;

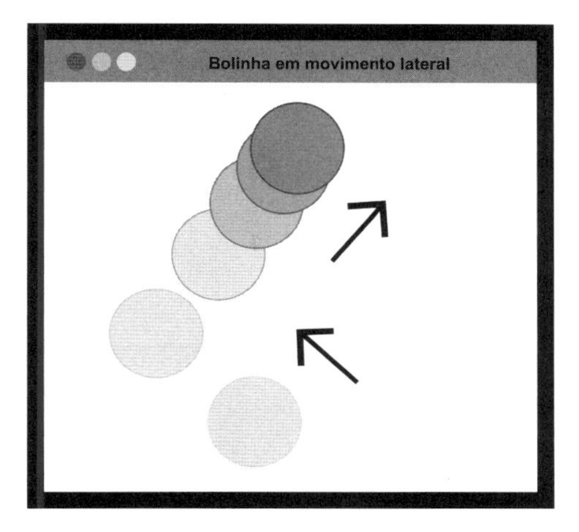

Figura 52 – Imagem da bolinha rebatendo nas bordas do *display*. Fonte: Os autores.

c) Jogo de pingue-pongue, em que a bolinha deve rebater nas bordas da tela do *display* e na raquete (movida com o *mouse*).

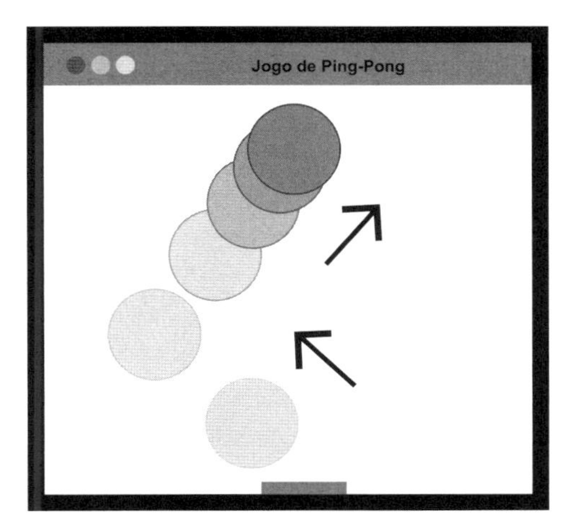

Figura 53 – Imagem do jogo de pingue-pongue na tela do *display*. Fonte: Os autores.

Atividade 4: Texto em movimento:

a) Definir um texto;

b) Carregar o texto;

c) Movimentar o texto ao longo da tela.

Notas

1 Matos, 1990, p. 299.
2 Benjamin, 1985, p. 170.
3 Campos, 1981.
4 Bense, 1971, p. 57.
5 Benjamin, 1985.
6 *Idem*, p. 91.
7 *Idem*, p. 94
8 Janson, 1977, p. 656.
9 Pascal, 1980, p. IX.
10 Granger, 1974, p. 88.
11 Newton, 1983, p. 96.
12 *Idem, ibidem*.
13 Benjamin, 1985, p. 168.
14 Newton, 1983, p. 97.
15 *Idem*, p. 98.
16 *Idem, ibidem*.
17 *Idem*, p. 99.
18 Davis & Hersh, 1985, p. 262.
19 Matos, 1990, pp. 302-303.

CAPÍTULO 6
Os conceitos de funções, probabilidade e topologia na matemática, as redes e o *Processing*

Os conceitos de infinidades, limites, extremidades e, principalmente, das redes estão presentes nas artes e na matemática. De fato, a Teoria das Redes e dos grafos na matemática e as redes, de modo geral, definem os paradigmas da contemporaneidade. Para André Parente, as redes foram dominadas

> [...] por uma hierarquização social que nos impedia de pensar de forma rizomática. Com o enfraquecimento da ordem de leitura (Chartier, 1994) do Estado contemporâneo face aos interesses do capital internacional, e com a emergência do indivíduo e dos dispositivos de comunicação, aparece aqui e ali uma reciprocidade entre as redes e as subjetividades, como se, ao se retirar, a hierarquização social deixasse ver não apenas uma pluralidade de pensamentos, mas o fato de que pensar é pensar em rede. As redes tornaram-se ao mesmo tempo uma espécie de paradigma e de personagem principal das mudanças em curso justo no momento em que as tecnologias de comunicação e de informação passaram a exercer um papel estruturante na nova ordem mundial. A sociedade, o capital, o mercado, o trabalho, a arte, as guerras são, hoje, definidas em termos de rede. Nada parece escapar às redes, nem mesmo o espaço, o tempo e a subjetividade.[1]

Assim, este capítulo trata da questão das redes e dos grafos e de suas similaridades e convergências que interferem significativamente em nossas vidas. Particularmente, nas produções artísticas e matemáticas, deixamos de privilegiar os modelos centrados com base nas geometrias euclidianas e não euclidianas e passamos a privilegiar os processos, as conexões, as continuidades e as visões periféricas das bordas e das vizinhanças e as organizações espaciais e temporais mais livres e dinâmicas. Finalmente, detalhamos o comportamento dos sistemas computacionais e da programação do *Processing* diante das redes e da inteligência artificial na contemporaneidade.

6.1 A ERA DAS CRISES

Calmamente, detonamos as bombas atômicas em nossas próprias cabeças e somente depois disso enlouquecemos ao perceber que nossos valores explodem com elas. A partir da Segunda Guerra Mundial, precisamente após agosto de 1945, quando colocamos as bombas atômicas em Nagasaki e Hiroshima, notamos a total falta de respeito à humanidade. Entretanto, isso não foi novidade, pois já vínhamos trilhando esse caminho em Auschwitz, com os campos de concentração e a exterminação dos judeus. Demonstramos a nós mesmos a incapacidade de manter viva a própria espécie. Nesse momento, a humanidade, consciente ou inconscientemente, está sob a ameaça de destruição, e seus valores éticos, morais e espirituais estão totalmente abalados, com uma tecnologia industrial dando frutos, mas poluindo o meio ambiente. Nossas relações sociais estão expostas até as vísceras, e o homem, em seu *habitat*, busca a extrema racionalidade tecnológica e, ao mesmo tempo, bombardeia o mundo com ações carregadas de "irracionalidade".

Estamos diante de uma crise de valores, de uma mudança em nossos paradigmas de percepção, pensamento e ação. Capra afirma que estamos inseridos em um sistema em colapso, no qual a "perda de flexibilidade" tem como consequência uma sociedade em desintegração, na qual a harmonia entre seus elementos desaparece e em seu lugar surgem a discórdia e as crises sociais.[2] A energia nuclear coloca-nos diante de algo desarticulado e nos ameaça com a destruição e, ao mesmo tempo, abre nossos olhos para a relatividade de nossas percepções.

A todo instante, podemos observar a Terra de um satélite, em sua órbita, e ela sempre nos parece azul. O período industrial eletroeletrônico e digital acrescenta velocidade ao processo de produção, e os meios de comunicação e informação assemelham-se ao nosso sistema cerebral, como afirma McLuhan.[3] As palavras e as imagens aparecem como informações na velocidade da luz, e não existe uma molécula de ar que não vibre com as mensagens que os artefatos digitais e qualquer gesto possam transmitir.

A energia extraída do núcleo do átomo apresenta um princípio e uma visão que não se resolve com a percepção mecanicista e fragmentária de Descartes e Newton. Assim sendo, essas questões perceptivas passam a levar em conta o "princípio da incerteza" de Heisenberg e as noções de probabilidade que definem uma teoria que trata das possibilidades de observação dos fenômenos. Capra afirma, por meio da física quântica, que a matéria não existe com certeza em lugares definidos. Em vez disso, ela mostra uma tendência a existir, e os eventos atômicos não ocorrem com certeza em tempos e espaços definidos, mas, antes, mostram tendências a ocorrer.[4]

Os conceitos de tempo e espaço, até então vistos de forma absoluta, perdem seu significado, e os fenômenos do mundo são considerados além da fragmentação dos opostos, além da dialética do pensamento e além da matéria, pelo conceito de incerteza, subjetividade e relatividade do pensamento. Morin afirma que estamos diante da "industrialização do espírito", que corresponde "a dizer respeito à alma; penetrando no domínio interior do homem", em seu inconsciente.[5]

Os atuais meios de produção introduzem a componente informação ao bem de consumo que, em seu processo de elaboração, necessita armazenar os dados do conhecimento em uma memória e processá-los na velocidade da luz. Em outras palavras, temos armazenamento de dados, automação e processamento. Sintetizando esse período, podemos unir conhecimento, produção, distribuição e consumo em um processo único, simulando, por meio dos computadores, as similaridades com nosso sistema nervoso central.[6]

De fato, a energia elétrica está presente em tudo o que fazemos: na geração da força mecânica por meio das bobinas impulsionadas eletricamente; no armazenamento dos dados de forma magnética; na transmissão e na recepção de informações codificadas eletronicamente; enfim, em todos os artefatos digitais, observamos o princípio binário manifestando-se por meio dos circuitos elétricos, numa fração mínima de segundo. Os diversos componentes desse sistema não podem mais ser compreendidos isoladamente, e a velocidade de processamento agregada aos mecanismos de armazenamento de informação introduz novas características ao produto final: conhecimento e decisão determinam uma revolução no processo de transformação da informação.

É evidente que nossas preocupações com os elementos informacionais transformam os produtos e os meios de produção. A memória, a automação e a rapidez de processamento fazem-nos perceber que o conhecimento está armazenado, o que permite que as decisões sejam mais rápidas e sintéticas. Produzir no período eletroeletrônico e digital é interagir com um ecossistema que, cada vez mais, se mostra complexo. Acentuando a parceria do homem com a máquina, o conceito binário de 0 e 1 e de passa energia e não passa energia nos circuitos elétricos está presente em quase tudo o que fazemos, tornando-se intrínseco aos computadores.

O processamento de dados dos computadores permite simulações numéricas e ambientais quase em tempo real. Assim, hoje, somos capazes de simular ambientes reais ou totalmente adversos aos reais em nossa realidade perceptiva, possibilitando a observação por dentro e por fora do planeta, enfim, em todos os ângulos que conseguimos imaginar. De fato, temos muitas informações, rapidez de processamento e a certeza de que não estamos olhando para todas as informações que compõem um fenômeno.

A rede é dinâmica, cabendo a seguinte questão: como podemos definir os conceitos determinados pelas redes? Os elementos que as compõem movem-se constantemente e, ao observá-los, verificamos que eles se estabelecem nas bordas e nas fronteiras ao mesmo tempo e se tornam importantes quando atuam nas extremidades. Assim, devemos falar em rede, mas sempre em redes heterogêneas e interconectadas, formadas a partir de "relações" entre os "nós" que se associam aos outros "nós" por meio das "conexões", e é assim que definimos as redes. Segundo Ohlenschläger,

> [...] a rede se baseia na capacidade de que os nós, cooperativamente, fazem emergir sua própria configuração funcional. Se afastando de qualquer determinismo ou centro de poder, na sociedade rede, todos somos nós potenciais capazes de reconfigurar a própria trama de nossas relações.[7]

De fato, diante dessa dinâmica das redes, aquilo que definimos como "nós" caracteriza-se por ser mutável. Os "nós" se contaminam pelas conexões que, por sua vez, produzem ressignificações e, assim, não podem ser concebidos de maneira a admitir um único significado. O que é centro perde essa característica e se torna um elemento da borda, das fronteiras e vice-versa, em constantes transformações.

Hoje, vivemos o paradigma das redes. Elas se estruturam por intermédio de elementos dialógicos que possuem um acentuado nível de liberdade. Operam nas bordas e vizinhanças determinando estruturas e sistemas considerados através da intuição, das emoções e da consciência. São multifacetados e estão baseados em espaços topológicos que se organizam com dois elementos estruturais, isto é, com dois axiomas, ou seja, matematicamente as redes ou os grafos podem ser definidos por seus "nós" e "conexões" ou "fixos" e "fluxos", segundo Hildebrand e Oliveira.[8]

6.2 A origem das crises nas artes

Estamos paralisados diante da fotografia, do vídeo e do cinema que reproduzem o movimento e definem o *momentum*, buscando assegurar o domínio do elemento tempo-espaço. As formas de energia tornam-se vitais para nossa existência, mas se esvaem e permanecem perenes em nossos pensamentos.

Hoje, verificamos que as artes são produzidas em todos os suportes, principalmente nos digitais. Assim como na fotografia, os suportes eletrônicos se utilizam da luz para registrar as imagens. Os fotógrafos acreditavam que nossa visão, por meio das máquinas fotográficas, capturava o momento registrado totalmente ao acaso.

Cartier-Bresson registrou momentos históricos na China, na Índia, na União Soviética, no Iraque (Figura 54) e em Cuba. Walter Benjamin, observando a pintura surrealista, via que a fotografia estimulava a ideia da fixação do inesperado, e, assim, o "atleta congelado no ar com sua vara de salto, olhos esbugalhados, fisionomia contorcida em expressão estúpida"[9] remete ao conceito de inconsciente, nas telas de Magritte.

Mais adiante, convivemos com duas grandes guerras mundiais e, de acréscimo, com a grave crise econômica, em 1929, nas Américas, revelando a falta de planejamento internacional na produção e na distribuição dos bens de consumo. Podemos detectar, por conseguinte, que estamos diante de novos paradigmas e de uma crise de nossos valores intelectuais, morais, sociais e econômicos.

Os conceitos artísticos fundamentam-se em uma crise institucionalizada que surge a partir de duas formas de pensar que caminham juntas até os dias de hoje, contrapondo-se. A primeira, absorvida pelo inconsciente, tem, em seu principiar, expoentes como René Magritte, Henri Matisse, Gustav Klimt e Oskar Kokoschka e as pinturas que retratam o fim do século com suas angústias e distorções. Esse princípio pode ser subdividido em duas correntes de pensamento: a dadaísta, que, ao ser considerada "um fenômeno do tempo de guerra, um protesto contra a civilização", exprime nas telas as deformações deliberadas dos objetos; e a surrealista, que é "puro automatismo psíquico [...] liberto do exercício da razão e de qualquer finalidade estética ou moral".[10]

Figura 54 – *Taq-i Kisra, no Iraque* (Foto de Cartier-Bresson, de 1950). Fonte: Wikimedia Commons.

A segunda forma de representar plasticamente, denominada arte abstrata, é expressa pelas correntes cubista, construtivista, futurista, suprematista, neoplasticista e concretista. Esse modo de expressão teve como primeiro expoente o artista Cézanne, depois Kandinsky, Picasso e Braque, e, por fim, encontramos a arte abstrata na Rússia, com Malevich, Gontcharova, Lissitzky, Rodchenko e Tatlin, e, na Europa, encontramos um dos produtores da revista *De Stijl*, o artista plástico Piet Mondrian.

Esse modo de compor com figuras geométricas acaba com a representação mimética. Assim, descobrimos o vazio da tela ou, melhor dizendo, o significado que a superfície da tela pode expressar, ao representar o quadro *Branco sobre branco* de Malevich. A arte abstrata na Rússia surge por volta de 1913, com o estilo suprematista definido no *Manifesto do cubismo ao suprematismo: o novo realismo na pintura*, escrito por Malevich em colaboração com o poeta Maiakóvski.

Essas duas vertentes de representação vão interferir de maneira definitiva na forma de representar artisticamente. Elas articulam ações em que o real e o "sonho passam a ser o paradigma da representação total do mundo em que realidade e irrealidade, lógica e fantasia, banalidade e sublimação da existência formam uma unidade indissolúvel e inexplicável".[11]

Os reflexos dessas ideias constituirão os princípios da arte no período eletroeletrônico e digital, quando os artistas passaram a se preocupar com as grandes massas e, assim, a produzir a *Pop Art*, que tem seus maiores expoentes na Inglaterra e nos Estados Unidos.

Em seguida, teremos vários movimentos artísticos que se orientarão pelas estruturas dos suportes: *Pop Art*, arte conceitual, arte-objeto, *happenings*, videoarte, enfim, uma infinidade de pensamentos particularizados em suas características.

Iniciemos essa trajetória retomando a arte do fim do período mecânico, pois ali estão as duas formas de representar, sinteticamente estabelecidas, que nos interessam. Octavio Paz, de olho nas obras de Pablo Picasso e Marcel Duchamp, faz uma importante reflexão sobre a negação da moderna noção de obra de arte, que vai interferir, definitivamente, na forma de encarar o mundo artístico do período eletroeletrônico e digital.

Figura 55 – Exposição das Gravuras da *Campbell's Soup*, de Andy Warhol (2008). Fonte: Wikimedia Commons.

Como já afirmamos, Picasso, de um lado, com uma infinidade de realizações, mostrou "suas metamorfoses [...] e sua fecundidade inesgotável e ininterrupta", representando a Modernidade. Duchamp, de outro lado, autor de somente uma obra (Figura 57), nega a pintura moderna, fazendo dela uma ideia, como Paz observou em seu livro *Marcel Duchamp ou o castelo da pureza.*[12] Pintura-ideia, *ready-made*, "alguns gestos e um grande silêncio" são as verdades e os conceitos nos quais

Duchamp enfatiza sua crítica e elabora sua negação à pintura da Modernidade.[13] Ele foi um pintor de ideias que nunca concebeu a pintura como uma arte somente visual. Por meio de seus *ready-made*, criou "objetos anônimos que o gesto gratuito do artista, pelo único fato de escolhê-los, converte-os em obra de arte", ao mesmo tempo dissolvendo a noção mítica dessa obra, como podemos ver na Figura 56:

Figura 56 – *Roda de bicicleta*, de Marcel Duchamp (1913). Fonte: Disponível em <https://www.zonacurva.com.br/marcel-duchamp/>. Acesso em 3/4/2022.

O autor de *O grande vidro* (Figura 57) e de *Caixa verde* acredita que a arte é a única forma de atividade pela qual o homem se manifesta como indivíduo. Desse modo, Duchamp realiza uma pintura que nunca foi terminada, em que os elementos primordiais são os vários significados que a mesma obra pode produzir. Nessa pintura, o importante são os escritos explicativos depositados na *Caixa verde*. Assim,

> [...] o inacabamento do *Grande Vidro* é semelhante à palavra última, que nunca é a do fim, [...] é um espaço aberto que provoca novas interpretações e que evoca, em seu inacabamento, o vazio em que se apoia a obra. Este vazio é a ausência da ideia.[14]

Figura 57 – *O grande vidro*, de Marcel Duchamp (1915-1923). Fonte: Coleção Museu de Arte da Filadélfia.

Ao executar *O grande vidro*, o artista descreve que "deixa tombar cordéis e registra as linhas curvas que eles desenham no chão", e a obra vai sendo elaborada, com todos os significados que dela podemos extrair, determinada, entre outras coisas, pelas ocorrências do acaso. Essas misturas aliadas à totalidade de significados da obra unificada em si, mesmo inacabada, fazem-nos lentamente penetrar no período eletroeletrônico e digital.

Em contraposição está Picasso, realizando suas telas de modo serial, deixando para trás a maneira individualista e subjetiva de representar a natureza, pois agora ela não é mais a realidade, e a separação entre elas está claramente definida, ao mesmo tempo que tece comentários e notas sobre a realidade, de maneira fugaz. A mudança de velocidade em nossa percepção, em especial nos meios de produção artística, é sem dúvida uma importante marca do constante processo de mutação a que estamos submetidos. "Picasso é o que vai passar e o que está passando, o vindouro e o arcaico, o remoto e o próximo. A velocidade lhe permite estar aqui e ali, ser de todos os séculos sem deixar de ser do instante".[15]

Além desses fatos, o novo século é carregado de antagonismos que, ao combinarem extremos opostos, por exemplo, Duchamp e Picasso, diante de suas produções, unificam grandes contradições. Em tudo podemos ver as totalidades como forma de percepção e, assim, unimos consciência ao inconsciente dos conceitos psicanalíticos, a maneira individual de fazer à produção serial para as massas. "Parece ser possível relacionar qualquer coisa com outra coisa, tudo parece incluir em si a lei do todo."[16] De fato, podemos assistir, em artes plásticas, à justaposição de elementos aparentemente contraditórios, como o corpo nu de uma mulher e uma cômoda que se abre em gavetas, de Salvador Dalí, compondo um único significado.

Esses aspectos divergentes ajudaram a constituir o início da contemporaneidade, que, a partir das obras de Picasso e Duchamp, vai determinar todas as formas de expressão nas artes daí por diante, tendo em seu interior o entrelaçamento entre esses pensamentos. O acaso dos trabalhos de Duchamp parece mover as mãos e os gestos psicologicamente determinados da pintura gestual.

Jackson Pollock, um dos representantes do movimento *Action Painting*, afirma que, no chão, ele pinta à vontade; ali ele está mais próximo da pintura; faz parte dela; pode passear em seu redor, enfim, ele pode "trabalhar dos quatro lados e literalmente estar na pintura". No entanto, isso denota, ao contrário do que pressupusemos no início, a negação do acaso. A intensidade orgânica com a qual o autor das pinturas "gotejantes" trabalha estabelece conceitos e sua completa identidade com a obra.[17]

A *Pop Art* é expressão do poder político constituído nesse momento, e suas imagens e representações estão totalmente estruturadas pelos meios de comunicação americanos após o fim da Segunda Guerra Mundial. Entretanto, a *Pop Art* não nega a Modernidade, ela é contemporânea. Ela é contrária ao dadaísmo, "não é motivada por qualquer desespero ou repulsa em relação à civilização atual",[18] mas, sim, pela exaltação da reprodução em série, pela produção das histórias em quadrinhos e pela reprodução das pessoas e dos objetos artísticos em tamanho natural, nos trabalhos do escultor Duane Hanson (Figura 15), artista que, ao modelar as pessoas, obtém esculturas de seres humanos em tamanho real e semelhante aos modelos.

Com o movimento artístico do fotorrealismo e da *Pop Art*, a fotografia já se consagra definitivamente como arte. A *Pop Art* é não figurativa, e para compreendê-la devemos repousar nossos fundamentos no abstracionismo de Malevitch e na geometrização de Mondrian, que fazem as representações plásticas deixarem "de ser um discurso sobre o real", passando "a ser consideradas como uma fração do real. Fica evidenciada a força material da arte impulsionando o mundo concreto",[19] e não mais somente sendo impulsionada por ele.

As artes plásticas estão em busca de outros meios de comunicação, pois os antigos, que tinham sua melhor expressão nos suportes materiais, introduzidos no período pré-industrial e consolidados no industrial mecânico, já não conseguem extrair significados da matéria e necessitam ir além da materialidade para encontrar sentido. Poderíamos tentar seguir movimento a movimento, enquadrando todos eles em seus devidos compartimentos, mas, com certeza, isso não seria razoável. Inicialmente, porque estaríamos retirando dessas produções suas verdadeiras significações, uma vez que uma das preciosidades do período eletroeletrônico e digital é a percepção de que os meios de comunicação definem linguagens, nas quais os diferentes discursos são possíveis. Além disso, "hoje sabemos que toda e qualquer interpretação depende dos referenciais que sustentam o pensamento de quem interpreta".[20]

As rupturas com os antigos suportes que acabaram de nascer se sucedem, momento após momento, e um exemplo disso são as representações realizadas pelo cinema, em que a mecanização nunca se revelou tão claramente em sua natureza fragmentada ou sequencial; esse é um

> [...] momento em que fomos traduzidos, para além do mecanismo [e para além da matéria] em termos de um mundo de crescimento e de inter-relação orgânica. O cinema pela pura aceleração mecânica transportou-nos do mundo das sequências e dos encadeamentos para o mundo das estruturas.[21]

Os fotogramas do cinema, ao serem colocados lado a lado, apresentam algo que vai além da simples sequencialidade do trabalho de Eadweard Muybridge dos corpos humanos seminus em movimento; eles apresentam o verdadeiro movimento em si. Da mesma forma, na teoria da relatividade de Albert Einstein, o tempo e o espaço deixam de ter dimensões absolutas. A partir de agora, nasce outro conceito sobre o tempo, cujo elemento fundamental é a simultaneidade e cuja natureza consiste na espacialização dos elementos temporais. No filme, o espaço perde sua qualidade estática, deixa de ser passivo e se torna dinâmico, determinando um tempo que também pode ser descontínuo. A técnica de montagem em filmes permite retrospecções, rememorações, visões futuras, enfim, o tempo está a nosso dispor, assim como o espaço, quando nos locomovemos de um lugar a outro numa fração de segundo.

A partir dessa possibilidade, em que o cinema se introduz como meio e se apresenta intimamente relacionado a seu modo de fazer, vamos descobrir o conceito de "simultaneidade". No cinema, os "acontecimentos correntes, simultâneos, podem ser manifestados sucessivamente – por sobreposição e alternação; o anterior pode aparecer depois, o posterior, antes do momento próprio".[22] Esse princípio, a partir de agora, vai causar fascinação em todos os produtores culturais, desde Proust e Joyce, na literatura,[23] até Picasso, Chagall, De Chirico e Salvador Dalí, nas artes plásticas, sem contar, é óbvio, as próprias produções cinematográficas.

A simultaneidade é apenas um dos elementos pelos quais o cinema radicalmente transforma o processo de elaboração artística. A produção coletiva, que reúne um grupo de pessoas, entre financiadores, diretores, atores, roteiristas, maquiadores, figurinistas, técnicos especializados, enfim, várias pessoas, define a concepção do filme. Desse modo, o processo de produção é fragmentado em diversas etapas e entre vários especialistas, e o trabalho, assim como a criação, necessita ser coletivamente planejado e deixa de ter um caráter de individualidade, precisando da coletividade para ser realizado.

Os filmes são os primeiros produtos de consumo elaborados para públicos maiores. Eles são dirigidos para a coletividade. Segundo McLuhan:

> O cinema não é um meio simples, como a canção ou a palavra escrita, mas uma forma de arte coletiva onde indivíduos diversos orientam a cor, a iluminação, o som, a interpretação e a fala. A imprensa, o rádio, a televisão e as histórias em quadrinhos também são formas de arte que dependem de equipes completas e de hierarquias de capacidade empenhadas em ação corporada. Antes do cinema, o exemplo mais claro dessa ação artística corporada pode ser colhido nos primórdios da industrialização: é a grande orquestra sinfônica do século XIX. Paradoxalmente, à medida que seguia um curso cada vez mais fragmentado e especializado, a indústria passava a exigir, mais e mais, o trabalho em equipe tanto nas vendas quanto nos fornecimentos.[24]

Assim, quanto mais crescem as formas de linguagem, mais se multiplicam os signos e as maneiras de significar, a ponto de concebermos uma arte, a arte conceitual, que, indo além da existência física da obra, com raízes nos *ready-made* de Duchamp, necessita apenas da imaginação, uma vez que seu principal produto não são as obras em si, e sim os conceitos extraídos delas. O que existe não é a obra em si, mas a documentação conceitual produzida a partir dela.

A linha de montagem perde sua hegemonia diante dos padrões de representação da contemporaneidade. A velocidade que nos levou aos padrões estabelecidos pelo período industrial mecânico volta à tona e nos impulsiona, pela energia elétrica, aos meios eletroeletrônicos e digitais. A televisão entra em nossas casas e se torna, efetivamente, um produto de consumo das massas. Os computadores que armazenam as informações e as processam rapidamente instalam-se em nossas mentes. Segundo McLuhan, simulam nossos cérebros.[25]

Para melhor compreender em que estágio estamos do período eletroeletrônico e digital, que ainda não se configurou totalmente, pois está em formação, é necessário relembrarmos que a memória embutida nos equipamentos eletrônicos, aliada à automação, estabelece maior velocidade à produção, permitindo rapidez e eficiência. Hoje, somos detentores de um poderoso arsenal de dados, determinando que os "produtores da chamada cultura de massas, [...] destinada a contribuir para a sujeição das consciências nacionais, atualizam seu modo de intervenção e começam a considerar interesses e necessidades específicas de cada categoria etária, de cada categoria social [...]", em que as "[...] novas técnicas de comunicação abrem caminho para essa tecnicidade cada vez mais intensa, cuja necessidade é exigida pela fase atual de acumulação de capital".[26] Nesse instante, os computadores, que elaboram os cálculos atômicos, também simulam imagens na computação gráfica, gerando protótipos animados que se tornam realidade, ao mesmo tempo que não convivem conosco em nosso mundo real.

É nesse contexto que o período eletroeletrônico e digital encontra sua verdadeira moradia e todos os dados podem ser alterados, porque estão armazenados nas memórias dos computadores. Essas informações são reproduzidas quantas vezes desejarmos e da forma que quisermos, bastando processá-las por meio das interfaces digitais, com conhecimento e decisão.

A probabilidade de um *software* armazenar todos os dados de determinado fenômeno a ponto de poder reproduzi-lo mostra-se nula, o que determina nossas limitações. Assim, temos certeza de que os *bytes* no computador não conseguem representar fielmente os fenômenos do mundo em que vivemos, por mais próximos que cheguem deles.

Outro conceito que queremos destacar, o qual estabelece significativamente a contemporaneidade, é o de rede. Na matemática e na lógica, vamos encontrar os signos construídos pelas teorias das redes, dos grafos e das cordas, que são ramos da matemática que estudam as relações entre os objetos de determinado conjunto. Matematicamente, o espaço de representação das redes deve ser definido como um subconjunto dos grafos e, formalmente, é conceituado como um subconjunto de pares não ordenados (V, A), onde (V) é um conjunto não vazio, de objetos denominados vértices (nós), que possuem uma relação interna (A) chamada aresta (conexão). Tanto as redes quanto os grafos são modelos do tipo acentrado, e é evidente que as redes não apenas organizam as representações matemáticas, mas, também, estruturam as redes sociais, de comunicação e de informação, de relacionamentos, colaboração, água e esgoto, transporte, saúde, transmissão de doenças, internet, redes eletrônicas, redes neurais, redes de filas de espera, redes formadas pelas produções artísticas e midiáticas, enfim, existe uma infinidade de formas de representação que se organizam pelas redes que vão das ciências até as humanidades, incluindo conceitos derivados da área que estuda a inteligência humana e as interfaces digitais, conhecida, hoje, como Inteligência Artificial (IA).

6.3 Na matemática, a teoria das probabilidades, a lógica e o nascimento da topologia

A geometria analítica desenvolvida por Monge, denominada geometria sem figuras,[27] e a geometria das posições (*géométrie de position*)[28] de Carnot começam a introduzir uma nova percepção acerca dos espaços de representação na matemática, qual seja: o mundo dos números já não utiliza apenas um referencial de ordenação vinculado à geometria euclidiana. A teoria axiomática permite a descoberta de outros espaços topológicos de representação, como, por exemplo, os paradoxos dos conjuntos não cantorianos e o do axioma das paralelas.

O elemento grandeza dos objetos matemáticos, gradativamente, vai se contrapondo ao elemento ordem e, assim, o conceito de base vetorial nos faz compreender grande parte do que será produzido na matemática do período eletroeletrônico e digital. Nesse final de século, destacamos os matemáticos Karl Weierstrass, George Cantor, H. E. Heine e J. W. R. Dedekind, entre outros, trabalhando na direção da aritmetização da análise, cujo principal objetivo era desvincular a análise matemática dos conceitos intuitivos geométricos e, consequentemente, da geometria.

Essa revolução inicia-se no momento em que Gauss, Lobachevsky e Bolyai se libertaram das concepções dos espaços geométricos euclidianos e passaram a ver os espaços geométricos não euclidianos. Hermann Hankel, aluno de Riemann, e um grupo de matemáticos da Grã-Bretanha, tentando desenvolver uma aritmética universal e múltiplas álgebras, chegam à seguinte conclusão: "a condição para construir uma 'aritmética universal' é, pois, uma matemática puramente intelectual, desligada de todas as percepções".[29]

Möbius, com sua teoria dos pontos pesados, estruturada a partir da "ideia de representação de pontos geométricos por um sistema de números",[30] introduz a noção de base para os sistemas matemáticos. Nesse momento, ele não indicou a total complexidade dessa forma de pensar.

Fundamentadas em um novo algoritmo apropriado para servir de ferramenta aos geômetras, as coordenadas baricêntricas (*Barycentrischer Calcül*) de Möbius vinculam-se às coordenadas cartesianas e transformam pontos geométricos em um sistema de números. De fato, esse procedimento de concepção de coordenadas relacionadas aos números apenas deforma as figuras geométricas, mantendo-as sobre um sistema de concepção euclidiana. As propriedades fundamentais desse modelo mantêm a "conservação do alinhamento de pontos, [...] paralelismo de retas e [...] relações de superfícies"[31] e não se alteram sob determinada referência numérica. Assim,

> [...] ao invés de se pensar em termos de pontos de referência, pensar-se-á em termos de base de geração dos objetos, e a partir desse momento o núcleo das teorias matemáticas começa a estudar as propriedades operatórias dos objetos apoiados em uma total abstração perceptiva.[32]

O trabalho de cálculo das coordenadas baricêntricas de Möbius contribuiu em dois pontos para a teoria vetorial. Em primeiro lugar, confirma

> [...] uma dissociação essencial do ser geométrico da grandeza [onde a] intuição certamente continua a desempenhar um papel na manipulação efetiva dos seres matemáticos, mas é a partir daí dissociada de seu elemento métrico [em seguida, torna] possível esse cálculo pela análise de uma estrutura algébrica num conjunto de elementos [...] e num conjunto de operadores que são aqui números [...] tomados como peso.[33]

No entanto, adiante, W. Rowan Hamilton contribuiu com o sistema vetorial, pois realizou, em sua teoria dos quatérnios, as operações sobre os espaços vetoriais de quatro dimensões, concretizando o desejo de Leibniz de elaborar um cálculo geométrico exatamente do mesmo modo que as representações dos números complexos de Wessel, quando "instituía um cálculo das direções no plano". Ele substitui a ideia de

> [...] número único por pares de números, que se tornarão novos objetos, irredutíveis [da matemática, com] operações formalmente análogas às da Aritmética. Trata-se, pois, em linguagem moderna, de definir estruturas idênticas, ou vizinhas, sobre conjuntos de objetos diferentes.[34]

O vetor pode ser definido, de maneira intuitiva, como uma reta com comprimento e com uma direção, isto é, o comprimento associado a uma direção gera um novo objeto matemático, unívoco em sua essência, chamado vetor. Desse modo, a partir dos números tradicionalmente conhecidos, está criada a "teoria dos quatérnios". Ela é uma teoria vetorial e, de maneira intuitiva, é uma transformação igual à transformação projetiva da geometria arguesiana, que, como vimos, no período pré-industrial, deformava os objetos segundo determinado ponto de vista. A teoria de Hamilton leva um objeto geométrico à sua dilatação, ou seja, a outro vetor deformado por meio de operações em seu comprimento.

A noção de espaço vetorial, diretamente associada a uma base vetorial em matemática, é mais profunda que essa introduzida por Möbius e Hamilton, e, ao transpormos os objetos de uma base para outra, verificamos que as figuras desses espaços se modificam visualmente, mas continuam com as mesmas propriedades em matéria de ordem, antes da transformação. Essa nova ideia dos objetos modifica todo o nosso modo de ver e operar sobre a ciência dos números, e a "dissociação entre objetos e operadores", nos diversos modelos matemáticos, é o principal aspecto que nos leva "para a constituição de uma estrutura vetorial".[35]

Hamilton chegou muito próximo do cálculo vetorial propriamente dito, mas é na Alemanha, com o tratado *A teoria da extensão linear, um novo ramo da matemática* (*Die lineale Ausdehnungslehre, ein neuer Zweig der Mathematik*), que Hermann Grassmann encontra "um cálculo de grandezas extensivas envolvendo um número indefinido de elementos ou dimensões, [...] uma espécie de análise vetorial para n-dimensões".[36] Esses princípios só foram mais bem compreendidos quando o matemático Giuseppe Peano realizou uma interpretação dos conceitos de forma mais clara.

Grassmann, em 1862, publica a segunda edição da sua "teoria da extensão", que influenciará decisivamente o trabalho do físico Josiah Willard Gibbs e suas teorias sobre análise vetorial baseada em concepções probabilísticas. Esses dois aspectos das formulações matemáticas – as questões probabilísticas e a noção vetorial – vão estruturar grande parte do pensamento matemático do momento em que vivemos. A partir desses conceitos pautados pela concepção de relatividade dos modelos, encontramos o observador ora em repouso, ora em movimento, determinando uma revolução no paradigma de nossa percepção. Essa discussão se inicia na física do século XX com Einstein, Gibbs, Heisenberg e Planck, quando passamos a considerar não aquilo "que irá sempre acontecer, mas, antes, o que irá acontecer com esmagadora probabilidade".[37] Vários fenômenos devem ser observados pela relatividade de suas ocorrências. Riemann afirma que devemos pensar a geometria sem ser por pontos, e isso nos conduz à curvatura dos espaços riemannianos sem a qual a "teoria da relatividade" não poderia ter sido formulada.

O famoso conceito dos "cortes de Dedekind" estabelece a separação decisiva entre a geometria e a análise matemática, e, então, passamos a formular nossas teorias em bases abstratas. Agora, o conjunto dos números reais, formado pelos números racionais e irracionais, pode ser posto em correspondência um a um com a reta na geometria e com o axioma de Cantor-Dedekind, que opera com a noção de *continuum* em matemática. A "hipótese do contínuo" proposta por Cantor afirma que não existe nenhum conjunto com cardinalidade maior que a do conjunto dos números inteiros e menor que a do conjunto dos números reais, e, assim, passamos a operar com a matemática do infinito, ou dos diversos infinitos, como os "axiomas de Cantor", e com a teoria dos conjuntos.

A álgebra abstrata, a geometria analítica, a teoria das transformações, a teoria das matrizes, a probabilidade, a teoria dos conjuntos, enfim, todos os segmentos da matemática estão começando a se relacionar. Bertrand Russell, ao tentar igualar a lógica à matemática, em seus *Principles of Mathematics*, afirmou: "A classe de todas as proposições da forma **p** implica **q** onde **p** e **q** são proposições contendo uma ou mais variáveis, as mesmas nas duas proposições, e nem **p** nem **q** contêm constantes exceto constantes lógicas". Desse modo, estava formulada mais uma grande polêmica do início do período eletroeletrônico e digital; logo as ideias de Russell, Boole, Dedekind e Peano são questionadas por James Joseph Sylvester, que diz que a matemática se origina

> [...] diretamente das forças e atividades inerentes da mente humana, e da introspecção continuamente renovada daquele mundo interior do pensamento em que os fenômenos são tão variados e exigem atenção tão grande quanto os do mundo físico exterior, e com isso estabelece que o objetivo da matemática é revelar as leis da inteligência humana.[38]

Nesse momento, não podemos nos esquecer de outra discussão polêmica entre J. Gottlob Frege e Charles Sanders Peirce. O primeiro, com base nas ideias formuladas em *Leis básicas da aritmética* (*Grundgesetze der Arithmetik*), propõe fazer derivar os conceitos da aritmética a partir dos conceitos da lógica formal, pois não concordava com Peirce, o qual afirmava serem a matemática e a lógica áreas de estudos completamente separadas, com os mesmos princípios de organização, porém campos de conhecimento distintos. Buscamos na matemática as "estruturas" porque tanto a lógica de Frege como a de Boole, desenvolvida por Peirce e seu pai, estão considerando os objetos matemáticos por sua concepção estrutural, determinada pela "teoria axiomática", e as operações realizadas em seu interior, independentemente dos objetos que as geram.

As operações com os elementos matemáticos passam a ter importância como estrutura lógica que as define. Frege, por sua vez, afirma que a matemática pode ser considerada um ramo da lógica, e os conceitos em geral podem ser classificados conforme o número de lugares vazios, podendo ser preenchidos por diferentes objetos. Contrariando essa afirmação, Peirce diz que a lógica "está baseada numa espécie de observação do mesmo tipo daquela sobre a qual se baseia a matemática",[39] e esta é quase a única, se não a única, ciência que não necessita de auxílio da ciência da lógica. Ele concluiu que a matemática é puramente hipotética, pois produz somente proposições condicionais, e a lógica, ao contrário, é categórica em suas asserções.

Além da lógica formal e da análise dos fundamentos lógicos da matemática, Peirce deu continuidade aos trabalhos de seu pai, Benjamin Peirce, como já dissemos, em álgebra linear, que "incluem a álgebra ordinária, a análise vetorial, e a teoria dos quatérnios".[40] Com efeito, a álgebra linear associativa divide-se em três segmentos distintos: álgebra ordinária real; álgebra dos números complexos; e álgebra dos quatérnios. Enfim, a principal contribuição desse lógico, filósofo e matemático não foi nessa ciência, mas em filosofia. Ele criou a semiótica, sendo considerado, portanto, um dos principais pensadores filosóficos da América do Norte no século XX.

Os desenvolvimentos da lógica matemática foram fundamentais para consolidar os diversos segmentos de estudo dessa ciência, e, assim, os vários ramos da matemática estão fortemente relacionados nessa ideia de estruturação com bases axiomáticas. Esse aspecto nos levou diretamente à topologia, que, hoje, é um segmento da matemática que interliga tudo, ou quase tudo, o que conhecemos nessa ciência. Ademais, não podemos nos esquecer de Henri Poincaré, que, assim como Gauss, estava "igualmente à vontade em todos os ramos, puros ou aplicados, dessa ciência e, assim, pôde considerar toda a matemática como seu domínio" de conhecimento.[41]

A topologia pode ser tomada como o maior ramo da matemática e deve ser dividida, basicamente, em dois segmentos: a topologia dos conjuntos de pontos e a topologia combinatória. Poincaré não contribuiu tanto quanto poderia para esse segmento da matemática, em razão de sua mente inquieta. Encontrava-se ocupado com tudo o que estava acontecendo na física e na matemática, desde as ondas hertzianas e os raios X até a teoria quântica e a da relatividade. A geometria de borracha, como era conhecida, foi a primeira estrutura matemática que permitiu afirmar que a elipse é equivalente, topologicamente, à circunferência. Os espaços de representação topológicos são estruturas em que nossa percepção intuitiva das formas geométricas não tem lugar, pois estamos lidando com os aspectos qualitativos, e não somente com os quantitativos, dessa ciência que nasceu fundamentada na intuição dos geômetras.

Observemos então a topologia combinatória, como fizeram Riemann e Poincaré. No início desses estudos, havia a teoria das probabilidades como referência, verificando a ocorrência dos fenômenos – por exemplo, o jogo de cara ou coroa no lançamento de uma moeda. Essa teoria atingiu seu auge com as teorias estatísticas que, hoje, ajudam a fundamentar a teoria da relatividade.

Por outro lado, introduziremos esse segmento da matemática pelas ideias de Peirce, que, em sua obra *Elementos de lógica*, denomina esse estudo de a doutrina das probabilidades.[42] Ele observou que a teoria das probabilidades é simplesmente a ciência da lógica tratada por meio das quantidades. Há duas certezas concebíveis com respeito a qualquer hipótese: a certeza de sua verdade e a certeza de sua falsidade. Nesse cálculo, o 0 e o 1 são números adequados para indicar esses extremos do conhecimento, e, assim, "o problema geral das probabilidades é dado [a partir de] um estado de fatos, [e, desse modo, podemos] determinar a probabilidade numérica de um fato possível".[43]

Finalmente, não podemos nos esquecer do matemático David Hilbert, que, como fundador da corrente matemática formalista, com Ackermann, Bernays, Herbrand e Von Neumann, pressupunha a existência de raciocínios intuitivos para tudo o que fosse produção científica.

Na apresentação dos 23 problemas de Hilbert sobre o futuro da matemática, no Congresso Internacional de Matemática em Paris, em 1900, ele afirmou:

> Se quisermos ter uma ideia do desenvolvimento provável do conhecimento matemático no futuro imediato devemos fazer passar por nossas mentes as questões não resolvidas e olhar os problemas que a ciência de hoje coloca e cujas soluções esperamos no futuro.[44]

Esses problemas tratavam, entre outras coisas, dos infinitésimos na análise, dos pontos impróprios na geometria projetiva e dos números imaginários na álgebra, porém o que mais fascinava o trabalho desse matemático eram as questões que envolviam o conceito de infinito.

Somente em 1925, no Congresso Matemático de Münster, realizado em homenagem a Karl Weierstrass, Hilbert formaliza claramente sua percepção da "natureza do infinito". Georg Kreisel, outro dos grandes lógicos desse século, com Gödel, publica na revista *Dialectica* o texto "Hilbert's Programme", dizendo que tudo sobre o infinito, para Hilbert, resumia-se a entender a tese de Church-Turing, que tratava de estabelecer a extensão e os limites da computação abstrata, mais conhecida como a utilização da maquinaria transfinita.

Seu enunciado sintetizado afirma que todo o processo efetivo (isto é, para o qual existe um algoritmo, ou um processo mecânico de computação) pode ser efetuado por meio de uma máquina de Turing. Entretanto, Hilbert, ainda no congresso de Münster, expressou suas intenções dessa forma:

> O atual estado das coisas, em que estamos nos defrontando com paradoxos, é, de fato, absolutamente intolerável. Imagine se as definições e métodos dedutivos que todos aprendemos, ensinamos e utilizamos em matemática nos conduzirem a absurdos! Se o próprio pensamento matemático já for defeituoso, onde é que iremos encontrar a verdade e a certeza? Existe, entretanto, um modo inteiramente satisfatório de evitarem-se os

> paradoxos, sem, contudo, atraiçoarmos nossa ciência. Os desejos e atitudes que nos guiarão nessa busca, mostrando-nos a direção correta, deverão ser os seguintes:
> 1. Investigaremos cuidadosamente todas as definições frutíferas e os métodos dedutivos, sempre que houver a possibilidade de eventualmente resgatá-los. Nós os cuidaremos, fortificaremos e os tornaremos utilizáveis. Ninguém nos expulsará do paraíso que Cantor nos legou.
> 2. Deveremos estabelecer em Matemática a mesma certeza nas demonstrações que encontramos na teoria elementar dos números, às quais ninguém põe dúvida, e onde contradições e paradoxos emergem tão somente pela nossa falta de cuidado. Obviamente, esses fins somente podem ser alcançados após havermos completamente elucidado a natureza do infinito.[45]

Nesse congresso, Hilbert, tentando resolver seu intento de transformar todo problema matemático em "problemas exatamente solúveis", seja por meio de alguma resposta concreta à pergunta formulada, seja pela prova da impossibilidade de obtenção de solução, elogiou a análise de Weierstrass, como tendo eliminado o infinitamente grande e o infinitamente pequeno, reduzindo os enunciados a eles referentes a relações entre grandezas finitas.

Hilbert dedicou grande parte de seu tempo à busca de demonstrações finitárias de consistência na aritmética, na análise e na teoria dos conjuntos, porém foi um jovem estudante da Universidade de Viena, Kurt Gödel, em 1929, que apresentou a demonstração da completude do cálculo de predicados de primeira ordem, resolvendo um dos problemas propostos por Hilbert em Bolonha. Ao demonstrar o teorema da completude, Gödel encerra uma parte do programa formalista de Hilbert de encontrar uma linguagem e uma lógica completas servindo de base para a formalização das teorias matemáticas. No entanto, os célebres "teoremas de incompletude", também de Gödel, parecem pôr um fim às intenções de Hilbert, nas quais nem mesmo Kurt Gödel queria acreditar quando afirmava: "O programa de Hilbert permanece altamente interessante e importante, a despeito de meus resultados negativos". Somente Stephen C. Kleene, em seu artigo "The work of Kurt Gödel", tornou claros os resultados de Gödel, isto é, eles

> [...] não eliminam de forma absoluta uma prova finitária de consistência para um formalismo que contenha ao menos a teoria elementar dos números. Ou melhor, como observou Gödel, é concebível que exista algum método não incluso no formalismo que possa ser construído como finitário, e que seja suficiente para dar uma prova de consistência.[46]

A tese de Church-Turing atua sobre os processos de computação, tornando-os mecânicos, operando sobre os *princípios de determinação* que garantem que o processo não deve ser criativo quando da computação, e o *princípio da finitude*, que se relaciona ao estado mental que no exato momento da computação é finito. Assim, tratando do assunto relativo às mentes e às máquinas, temos a teoria das máquinas transfinitas, em que Turing afirma que o comportamento do computador em cada momento fica determinado pelos símbolos que estão sendo observados e pelo seu estado mental naquele momento.

A binaridade desse procedimento – até porque os computadores assim nos induzem a pensar – leva-nos a acreditar na hipótese de Hilbert. Contudo, Kurt Gödel, que também devotou grande parte de suas energias às questões e aos contrastes relativos à mente humana e às máquinas, ao analisar o trabalho de Turing, afirma que ele

> [...] fornece um argumento pelo qual se propõe a mostrar que os procedimentos mentais não podem conduzir para além dos procedimentos mecânicos. No entanto, o argumento é inconcluso, pois depende da suposição de que uma mente finita é apenas capaz de possuir um número finito de estados distinguíveis. O que Turing descarta completamente é o fato de que a mente, em sua utilização, não é estática, mas está em constante evolução.[47]

Tentamos, por meio dos computadores, simular exatamente esse constante evoluir de que nos falou Gödel; a ciência da computação não é mais tão mecânica quanto queriam acreditar Hilbert, Church e Turing. Kurt Gödel, a partir de seu pensamento matemático, por que não dizer filosófico, estabeleceu a relatividade de nossa percepção e a dinâmica relação que ela possui com o mundo, afirmando de maneira holística que tudo poderia consistir na demonstração de um teorema matemático.

Hoje estamos diante da teoria das catástrofes de René Thorn, que, em seus modelos, estabelece projeção do descontínuo sobre o real, um espaço imaginário que pensa na continuidade, olhando da biologia às ciências sociais. Na matemática, a noção de continuidade é absolutamente óbvia, contrapondo-se à noção de dualidade, uma vez que Einstein precisou lançar mão da geometria não euclidiana, em particular da "teoria dos *quanta*" para tornar realidade a teoria da relatividade, que está totalmente apoiada nesse tipo de representação dos espaços geométricos. Os sistemas observados na relatividade são descritos por meio das probabilidades, isto é, nunca podemos afirmar, com absoluta certeza, que uma partícula subatômica estará em determinado momento ou em um ponto preestabelecido, mas podemos, sim, predizer as probabilidades de ocorrência de dado processo ou de um fenômeno subatômico.

"Na teoria quântica, somos levados a reconhecer a probabilidade como uma característica fundamental da realidade atômica, que governa todos os processos e até mesmo a própria existência da matéria."[48] Essa teoria não decompõe o mundo em unidades cada vez menores, capazes de existir de maneira independente. Os fenômenos que observamos estão cada vez mais interconectados, e, principalmente em um nível atômico, os objetos materiais sólidos deixam de existir e passam a ser percebidos em contínuo movimento, isto é, nas probabilidades de suas interconexões.

Hilbert está buscando elucidar a natureza do infinito, que, para ele, se resumia a entender a utilização da "maquinaria transfinita", porém, a partir do célebre "teorema da incompletude de Kurt Gödel", verificou-se não ser possível atingir esse intento. De fato, os modelos tornam-se inconsistentes quando tentamos generalizá-los em suas infinidades. Por essa razão, nossos sistemas e linguagens estabelecem uma ideia de crise generalizada e se portam como se estivessem esfacelados, mas, na verdade, apenas deixam claro que, em nossa percepção, os objetos estão em nossas mentes e se organizam segundo modelos que às vezes não estão totalmente claros a nossos sentidos, mas possuem características que se organizarão futuramente.

Por fim, vamos tratar da Teoria das Redes, que existem há muito tempo, mas que, no contexto contemporâneo, se destacam por suas características mais desprovidas de regras e leis e estão estruturadas a partir de dois axiomas. Atualmente, identificamos ainda as estruturas topológicas matemáticas que são aquelas que mais nos interessam: redes, grafos, cordas, labirintos, mapas, enfim, modelos matemáticos que organizam os espaços topológicos contemporâneos. Nessa dinâmica dos processos mediados por esses modelos, cada vez mais densos e complexos, também vamos cuidar das interfaces e dos sistemas digitais que abrem espaço para grande variedade de possibilidades de conexões que, ao serem consideradas nas extremidades, desconstroem as estruturas cristalizadas, contaminam os modelos pela capacidade de se relacionarem e compartilharem tudo a nosso redor, conectando elementos e objetos nunca antes associados.

Com o aparecimento da informática, surge a possibilidade de resolução de problemas matemáticos que antes não conseguiam ser demonstrados porque envolviam grande quantidade de cálculos para a mente humana. No entanto, por meio dos computadores, as soluções desses problemas passaram a ser possíveis pela velocidade de processamento dessas máquinas eletrônicas. São antigos problemas como o Teorema de Fermat (1637), o Teorema das Quatro Cores

(1852), formulado por Francis Guthrie, e o Teorema dos Seis Graus de Separação (1967), desenvolvido pelo psicólogo Stanley Milgram. Os dois últimos são de fácil compreensão e nos remetem ao conceito de grafos e, por consequência, ao conceito de rede.

O Teorema das Quatro Cores é definido do seguinte modo: dado um mapa plano que está dividido em regiões, é preciso apenas quatro cores para colori-lo por inteiro, de modo que as regiões vizinhas não devem possuir a mesma cor. A demonstração desse teorema, por meio de passos lógicos, é muito complexa e necessita de muitos cálculos computacionais para se realizar. A solução visual do Teorema das Quatro Cores para qualquer tipo de mapa pode ser facilmente percebida. Basta produzir vários mapas com delimitações diferentes que podemos verificar, intuitivamente, que quatro cores são suficientes para colorir qualquer mapa plano, porém demonstrar esse aspecto topologicamente é muito complicado.

Ele só foi demonstrado em 1976 por Kenneth Appel e Wolfgang Haken, utilizando um computador que teve que realizar bilhões de cálculos para constatar sua veracidade. Em 1994, obtivemos uma prova mais simplificada de tal teorema – realizada por Paul Seymour, Neil Robertson, Daniel Sanders e Robin Thomas –, cuja solução também demandou muito processamento computacional.

Outro problema topológico interessante que atinge as redes sociais e o conceito de compartilhamento que trata das configurações das amizades, dos matrimônios ou das afinidades eletivas é o Teorema dos Seis Graus de Separação. Trata-se de um problema que pode ser solucionado através de lógica combinatória e que permite observar as redes e seus relacionamentos a partir das relações de comportamento baseadas no modelo dos grafos. As redes da internet, como Facebook, Twitter, YouTube e Instagram, utilizam os conceitos de vizinhanças formulados pelo psicólogo Stanley Milgram. O teorema afirma que são necessários seis laços de amizade para que duas pessoas se relacionem num conjunto finito, e essa é a base das estruturas das redes sociais.

6.4 As redes nas artes e na matemática

Esses elementos nos remetem às redes presentes nas produções matemáticas, artísticas e midiáticas de hoje, principalmente quando utilizamos as Tecnologias Emergentes ou as Tecnologias Digitais da Informação e Comunicação (TDIC), como são mais conhecidas. Nas artes e nas mídias, temos produções interativas, participativas, compartilhadas, que possibilitam realizar ações em que os artistas e espectadores estão imersos nas obras – por exemplo, nas obras produzidas pelos movimentos artísticos *Action Painting*, *body-art*, *happenings* e as instalações artísticas e midiáticas atuais. Trata-se de manifestações que usam os corpos dos indivíduos em interação e compartilhamento com as máquinas, ora como suporte, ora como entrada de informação, para atuar de forma dialógica e interativa com os sistemas computacionais, propondo desconstruções das narrativas que operam entre o real e o ficcional.

Na interação com essas tecnologias, os corpos expandem suas funções biológicas, físicas e mentais, adquirindo outras maneiras de sentir, agir e pensar. Segundo Giannetti, vivemos em uma era pós-biológica e, "atualmente, o que tem sentido já não é a liberdade de ideias, mas a liberdade de formas: a liberdade de modificar e mudar o corpo. São pessoas montadas por fragmentos – comenta [o artista e *performer*] Stelarc – são experiências pós-evolutivas".[49]

O realismo produzido por uma imagem de computador não se diferencia em quase nada de uma imagem fotográfica ou de uma representação renascentista, quando busca representar as profundidades e os ilusionismos das produções. Segundo Manovich, a imagem individua-se com algumas distinções: antes dos meios informáticos, a realidade centrava-se no domínio da aparência visual; agora, a fidelidade visual é um fator entre outros, sendo a participação corporal (audição e tato) muito ativa nas obras artísticas digitais.[50] Além da visualidade, buscamos modelar com realismo a maneira como os objetos e os seres humanos atuam, reagem, movem-se, crescem, pensam e sentem;

as imagens são construídas de forma híbrida quando observadas pelos modos analógicos, mecânicos e digitais de serem produzidas.

Nossa atenção desloca-se para os processos inacabados, em vez das produções finalizadas; tudo se transforma em processo e, como tal, em contínuo desenvolvimento. As obras artísticas não são mais objetos específicos e passam a ser processos, como podemos ver na Figura 59.

A instalação artística interativa *Metacampo*, do grupo SCIArts – Equipe Interdisciplinar, é formada pelos artistas Milton T. Sogabe, Julia Blumenschein, Fernando Fogliano, Iran Bento de Godói, Luiz Galhardo, Hermes Renato Hildebrand e Rosangella Leote. Trata-se de uma instalação interativa resultante de investigações produzidas na tradução entre arte/ciência/tecnologia. Ela tem como comportamento o resultado do diálogo das informações captadas na interação entre o espectador, a obra e o vento. Os dados do vento acontecem na ação de uma veleta que se move conforme a direção do vento externo ao prédio onde está sendo realizada a instalação. Esse diálogo gera uma rede de dados e interações entre usuário e obra, produzindo a poética do trabalho. Essa combinação de elementos movimenta um ventilador que atua sobre uma plantação artificial de hastes e simula o vento sobre um campo de trigo (hastes) presente no espaço expositivo.

Figura 58 – *Metacampo* (2017), vista parcial da instalação artística interativa do coletivo artístico SCIArts – Equipe Interdisciplinar (Foto de Fernando Fogliano). Fonte: Os autores.

Figura 59 – *Metacampo* (2017), vista panorâmica da instalação artística interativa do coletivo artístico SCIArts – Equipe Interdisciplinar (Foto de Fernando Fogliano). Fonte: Os autores.

Assim, para Hildebrand, temos nessa instalação um sistema como obra de arte que organiza uma rede de dados e, portanto, em uma

> [...] abordagem como essa, é possível pensar numa condição de criação que se refaz, se conecta e se ramifica. Com a mídia digital existe a possibilidade de uma nova prática como um meio lógico para a concretização de um objetivo ético-estético. Tratamos da construção de mundos, de escolhas que envolvem, ao mesmo tempo, dimensões sociais, tecnológicas, científicas, culturais, entre outras. Essas escolhas são da ordem do método e do projeto, portanto, do *design* que se constrói pelos processos, estamos diante de "sistemas como obras de artes".[51]

Passamos a dar ênfase às conexões e à fluidez das bordas, aos espaços vazios e ao sujeito mediado pelo "outro" na linguagem e na cultura, segundo Freud. Todos esses conceitos deixam de enfatizar a ideia de ponto fixo, de tempos e lugares determinados, de sujeitos e objetos com identidades bem definidas. Santaella afirma que a noção de sujeito e de subjetividade é algo íntegro e único que foi forjado na época de Descartes. No entanto,

> [...] esta ideia de sujeito começou a perder seu poder de influência para ser sumariamente questionada há duas ou três décadas, quando as mais diversas áreas das humanidades e das ciências alardeiam que estamos assistindo à morte do sujeito. Sob as rubricas "crise do eu" ou "crise da subjetividade", critica-se e rejeita-se a definição de sujeito universal, estável, unificado, totalizado e totalizante, interiorizado e individualizado.[52]

Buscamos, sim, a multiplicidade das formas que se interconectam e são compartilhadas. Os problemas descrevem dinamicamente um grande número de unidades cooperantes e, embora individualmente livres, ainda tratam das simulações dos sistemas complexos e de uma infinidade de temas em que o paradigma das redes, dos grafos e dos modelos limítrofes se desconstrói e se contamina, dando lugar às novas formulações. Apoiamos nossas observações na matemática porque, conforme diz Peirce,[53] a principal atividade dessa ciência é descobrir as relações entre os vários sistemas e padrões encontrados na natureza e na cultura, sem identificar ao que eles se referem, a não ser com relação aos aspectos criados pela própria linguagem. De fato, os estudiosos sempre estiveram preocupados com as representações matemáticas porque entendem ser ela a "Ciência dos Padrões".[54]

Dando continuidade a essas preocupações, resumiremos nossa análise aos signos visuais e abstratos gerados na cultura ocidental. Os elementos da visualidade, assim como as expressões abstratas, são relativos ao tratamento matemático e, assim, de algum modo, as imagens representam, ou traduzem, as linguagens abstratas, enquanto as expressões são representações dessas formas.[55]

Comecemos esse raciocínio identificando, novamente, as três grandes áreas de estudo das representações topológicas matemáticas:

a geometria métrica, a geometria projetiva e a topologia. Na obra *As imagens matemáticas*,[56] encontramos a Geometria de Euclides, depois as Cônicas de Poncelet, as Transformações Afins de Möbius e Klein e, em seguida, as Geometrias Projetivas de Lobachevsky, Bolyai e Riemann e, finalmente hoje, os modelos topológicos: combinatório, algébrico e diferencial e a Teoria das Redes e dos Grafos, que abrange grande parte do conhecimento matemático.

Na geometria métrica, as transformações pautam-se pela invariância das medidas dos ângulos, das distâncias, das áreas, da continuidade e da indeformabilidade das figuras. Uma representação do espaço que define relações internas de medida e ordem entre os elementos. Sabemos que essa geometria, inicialmente, é pensada como um ramo da matemática que estuda as formas e as dimensões espaciais. Ela observa as propriedades dos pontos, linhas, superfícies e objetos sólidos e suas relações, quando eles sofrem transformações espaciais, assim como reflexão, rotação e translação. Considerada a ciência do espaço, a geometria, por muito tempo, foi definida com base em cinco axiomas. Ela foi totalmente formulada e deduzida a partir desses axiomas em *Os elementos*, de Euclides, por volta de 300 a.C. Talvez nenhum livro, além da Bíblia, tenha tido tantas edições como *Os elementos*, e, certamente, seu conteúdo é o pensamento matemático que maior influência exerceu sobre a história da humanidade.

A partir da identificação da existência das geometrias não euclidianas, que são aquelas que não necessitam do quinto axioma para ser elaboradas, nossas concepções físicas e abstratas do mundo começam a se alterar. Os matemáticos acreditavam que o axioma das paralelas poderia ser deduzido logicamente a partir dos outros quatro. Com esse procedimento realizado por Lobachevsky, Bolyai e Riemann, nossa compreensão sobre a espacialidade estabelece outras estruturas de análise. A percepção da existência da geometria não euclidiana ocorreu a partir da tentativa de demonstrar esse quinto axioma. A primeira pessoa que realmente entendeu o problema do axioma das paralelas foi Gauss, que, em 1817, estava convencido de que o quinto axioma era independente dos outros quatro. Assim, começou a trabalhar nas possíveis consequências desse fato e chegou à geometria projetiva. Gauss nunca publicou esse fato, entretanto comentou o que havia descoberto com seu amigo Farkas Bolyai, que também já havia trabalhado no axioma das paralelas. Realmente foi Janos Bolyai que, em 1823, escreveu a seu pai dizendo: "[...] descobri coisas tão maravilhosas que fiquei surpreendido... a partir do nada, criei um mundo novo e estranho".[57]

Em 1829, outro matemático, Lobachevsky, sem conhecer os trabalhos de Bolyai, publicou um texto sobre o espaço de representação matemático, baseando "sua geometria na hipótese do ângulo agudo e na suposição de que a 'reta' tem comprimento infinito".[58] Bolyai e Lobachevsky admitiam a negação do quinto axioma de Euclides e a validade dos axiomas da incidência, da ordem, da congruência e da continuidade. Eles chegaram à conclusão de que o número de paralelas que passavam por dois pontos, nesses espaços geométricos, era maior que 1. Essas formulações matemáticas somente se completaram, em 1854, com Riemann, em sua tese de doutorado, e foram publicadas apenas em 1868, dois anos após a morte de Riemann, mas exerceram grande influência sobre o desenvolvimento das formas geométricas.

Hoje, constatamos que existem várias geometrias diferentes: a hiperbólica de Bolyai-Lobachevsky, a elíptica de Riemann, a parabólica, que é similar à euclidiana. Os conceitos não euclidianos foram formulados e desenvolvidos axiomaticamente. A visualização efetiva das imagens desses modelos somente se processou mais tarde, depois que toda a teoria já havia sido concebida de forma abstrata. Atualmente, com o uso das novas tecnologias digitais, podemos construir as representações não euclidianas de modo muito mais fácil.

As descobertas desses espaços matemáticos e geométricos de representação começaram a invadir o conhecimento matemático da época industrial mecânica, dando vida ao que chamamos, hoje, de topologia. Em 1735, Euler publicou um texto sobre a solução do Problema das Pontes de Königsberg, que introduz discussões sobre esses conceitos topológicos. Esse problema tratava das pontes da cidade de Königsberg, situada na Prússia Oriental, onde havia um rio (as pontes foram destruídas na Segunda Guerra Mundial) que cortava a cidade com duas ilhas ligadas por sete pontes. Uma das ilhas estava ligada às margens por duas pontes, uma de cada lado, já a outra ilha possuía duas pontes de cada lado e ainda existia uma ponte unindo as duas ilhas. Na solução gráfica do problema, é possível observar quais as formas de realizar esses percursos passando pelas pontes, de tal modo que cada ponte seja transposta apenas uma única vez. Euler, analisando esse assunto, demonstrou a impossibilidade de resolver o problema e introduziu o estudo sobre os espaços topológicos.

É interessante perceber que esse assunto é bastante simples e deve ter sido do conhecimento de Arquimedes e Descartes, pois ambos escreveram sobre os poliedros. Entretanto, Listing foi o primeiro a usar a palavra "topologia" em seu texto; ele publicou um trabalho que tratou de temas como as faixas de Möbius, quatro anos antes de este formular suas teorias, bem como estudou componentes de superfícies e suas conectividades. De fato, o primeiro resultado conhecido sobre topologia foi realizado por Möbius, em 1865, em seus estudos sobre as faixas de um lado só que Escher representou, magistralmente, em sua xilogravura *Fita de Möbius*, realizada em 1963.

Weierstrass, em 1877, deu uma prova rigorosa do que seria conhecido por "Teorema de Bolzano-Weierstrass", declarando: dado um subconjunto infinito de números reais, podemos dizer que ele possui pelo menos um ponto de acumulação, isto é, ele introduziu nessa demonstração o conceito de vizinhança de um ponto, fundamental para o desenvolvimento da matemática. Por outro lado, Hilbert, usando esse conceito de vizinhança, em 1902, elaborou trabalhos sobre transformações em grupos diferenciais e análises a respeito do conceito de continuidade em espaços topológicos.

Segundo Newton da Costa, a topologia, atualmente, é definida como a estrutura global da totalidade dos objetos que estão sendo considerados,[59] e, assim, ampliamos significativamente os estudos sobre os problemas topológicos, em particular os estabelecidos para as redes. Rosenstiehl e Parente afirmam que o fenômeno das redes é uma das principais marcas da contemporaneidade. Segundo Rosenstiehl, assim

> [...] como todos os fenômenos morfológicos profundos de caráter universal, o fenômeno da rede pertence não só à ciência, mas também à vida social. Cada um de nós se situa em redes, correspondendo cada rede a um tipo de comunicação, de frequência, de associação simbólica.[60]

A definição matemática de rede é muito genérica. Ela está associada aos objetos matemáticos pela sua natureza topológica. Uma rede é um conjunto de "nós" que podem ser: lugares, memórias, elementos de bancos de dados, pontos de conexão, pessoas na fila de espera, casas de um tabuleiro de xadrez, enfim, tudo aquilo que se caracteriza como um fixo. No entanto, o que transforma esse sistema em uma rede são as ligações efetuadas entre esses "nós" ou "fixos", que se contaminam entre si através das "conexões", dos relacionamentos e dos "fluxos", por meio das informações que circulam entre esses elementos.

As redes são modelos matemáticos estudados pela topologia – que, por sua vez, busca referência na Teoria dos Grafos. De sua parte, os grafos geram modelos a partir de um conjunto abstrato de pontos sem propriedades e de um conjunto de linhas que possuem apenas a propriedade de unir dois pontos. Isso demonstra o grau de liberdade axiomática dos modelos estruturados por redes e grafos.

Finalizamos este item sabendo claramente que não esgotamos todos os fundamentos, conceitos e conhecimentos matemáticos da contemporaneidade. Entretanto, temos certeza de que tocamos em aspectos fundamentais dessa forma de conhecimento em busca de uma breve e relativa compreensão da matemática de hoje.

6.5 Os conceitos de funções, interações e sistemas e o *Processing*

As redes nos remetem aos conceitos de funções, processos e interações e às estruturas sistêmicas do período industrial eletroeletrônico e digital. Como vimos até este momento, temos muitos elementos de similaridades entre a matemática, as artes e o pensamento computacional através das mídias. Agregando mais informações a essa ideia, verificamos que as tecnologias emergentes e digitais geram padrões sistêmicos que abandonam os objetos e passam a privilegiar os sistemas.

Uma das atividades que mostramos como processo de aprendizagem, com base no pensamento computacional, foi a elaboração de um jogo de "pingue-pongue" realizado por meio da linguagem *Processing*. Os procedimentos de desenvolvimento do jogo são: (i) a criação da bola que se desloca na tela para cima e para baixo; (ii) em seguida, a bola que bate nas bordas da tela andando de todos os lados; (iii) e, por fim, a criação do retângulo que simula uma raquete; essas etapas do aprendizado permitem que os alunos criem o seu jogo de "pingue-pongue".

Após finalizarem várias etapas de contato com as sintaxes da linguagem de programação, os alunos passam a programar com funções, com o uso de matrizes e vetores, banco de dados, bem como a utilizar bibliotecas para o tratamento de imagens, vídeos, sons, textos, entrada e saída de dados e outras estruturas de programação que permitem executar rotinas preestabelecidas mais complexas, como, por exemplo, o uso de geoprocessamento.

6.5.1 Processando imagens

Iniciemos esta seção definindo o carregamento e a apresentação da imagem na tela utilizando sintaxes que carregam arquivos de imagens.

As fotografias digitais são fundamentalmente diferentes das fotografias analógicas. As dimensões de imagens digitais são medidas em unidades de *pixels*. Se uma imagem tiver 320 *pixels* de largura e 240 *pixels* de altura, ela terá 76.800 *pixels* no total.

Além de armazenar os *pixels* relativos ao tamanho da imagem, o arquivo guarda informações sobre as cores; assim, a profundidade de uma imagem refere-se ao número de *bits* usado para armazenar cada *pixel*. Se a profundidade de cor de uma imagem for 8, cada *pixel* poderá ter de 1 a 256 valores. O *Processing* pode carregar imagens com extensão GIF, JPEG, PNG e alguns outros formatos.

Ele permite carregar uma imagem, exibi-la na tela, alterar seu tamanho, sua posição, sua opacidade e sua tonalidade. A sintaxe *Pimage* é uma variável que armazena os dados de uma imagem. Antes de exibir a imagem, é necessário carregá-la com a função *loadImage* ( ). A imagem a ser carregada deve estar num diretório "*data*" com o programa feito no *Processing*. Ao carregarmos uma imagem, devemos dar seu nome todo, inclusive com a extensão do arquivo entre aspas (por exemplo, pup.gif, kat.jpg, ignatz.png).

As sintaxes para tratamento de imagens são:

PImage, loadImage( ), image( ), tint( ) e noTint( )

Os parâmetros x, y, *width* e *height* determinam como a imagem será desenhada na tela: posição, tamanho e cores. Ver exemplo a seguir:

Sintaxe para mostrar imagem:

---

image (name, x, y)

image (name, x, y, width, height)

Exemplo: Carregar a imagem de paisagem de um arquivo.jpg.

<table>
<tr>
<td>
</td>
<td>// Carregar a imagem arquivo.jpg
size(240,240);
PImage img;
// A imagem deve estar no diretório "*data*"
// A imagem é carregada para a variável img
img = *loadImage*("arquivo.jpg");
// A imagem é mostrada na posição x=20 e y=20 // no tamanho 200x200 na posição x=60 e y=60
image(img, 20, 20, 200, 200);</td>
</tr>
</table>

Figura 60 – Carregar imagem no *Processing* e dar *display*. Fonte: Os autores.

Veja o exemplo a seguir de alteração de cores das imagens com a função *tint*().

<table>
<tr>
<td>
</td>
<td>// Carregar a imagem arquivo.jpg
size(240,240);
PImage img;
// A imagem deve estar no diretório "*data*"
// A imagem é carregada para a variável img
img = *loadImage*("arquivo.jpg");
// A imagem é mostrada na posição x=20 e y=20 // no tamanho 200x200 na cor vermelha
tint(255, 0, 0); // *tint* vermelho
image(img, 20, 20, 200, 200);</td>
</tr>
</table>

Figura 61 – Carregar imagem no *Processing* e dar *display* com uso do *tint*() vermelho. Fonte: Os autores.

As variáveis criadas com os tipos de dados *PImage*, *PFont* e *String* são objetos e, assim, são tratadas de forma semelhante.

6.5.2 Processando textos

Nesta unidade, definiremos como se dá o carregamento de uma fonte para a apresentação de textos na tela.

Sintaxe para mostrar textos (definição de uma fonte):

PFont, loadFont( ), textFont( ), text( ), textSize( ), textLeading ( ), textAlign( ) e textWidth( ).

A evolução das tecnologias para reprodução e exibição tipográfica continua impactando fortemente nossa cultura. Letras nas telas dos computadores são definidas pelos *pixels*. A qualidade da tipografia é definida pela resolução da tela. De fato, as telas têm uma baixa resolução em comparação com o papel; logo, foram desenvolvidas técnicas para melhorar a aparência dos textos nas telas.

Antes que um texto seja exibido na tela de um computador por meio do *Processing*, uma fonte deve ser carregada no formato VLW. Para carregarmos uma fonte, devemos selecionar a opção "criar fonte" no menu "Ferramentas". Ao executarmos o item no menu do programa, uma janela é aberta e exibe os nomes das fontes instaladas em seu computador. Na lista de fontes, selecione uma fonte e clique em "OK". A fonte escolhida é armazenada na pasta de dados do esboço atual. Para certificar-se de que a fonte está lá, clique no menu "Sketch" e selecione "Show Sketch Folder". O formato VLW armazena informações que permitem, de maneira rápida, renderizar o texto. O nome do arquivo também pode ser alterado antes que a fonte seja criada. O processamento de um texto tem um tipo de variável *PFont* que armazena os dados de fonte. Depois disso, use a função *loadFont*( ) para carregar a fonte e, por fim, use o comando *textFont*( ) para definir a fonte a ser adotada. A função *text*( ) é empregada para desenhar texto na tela. Como podemos notar, o raciocínio é similar quando utilizamos imagens. Ver exemplo a seguir:

Sintaxe para dar *display* de texto na tela de programação:

---

text(data, x, y)
text(stringdata, x, y, width, height)

Exemplo para escrever três vezes a palavra "*Processing*" na tela.

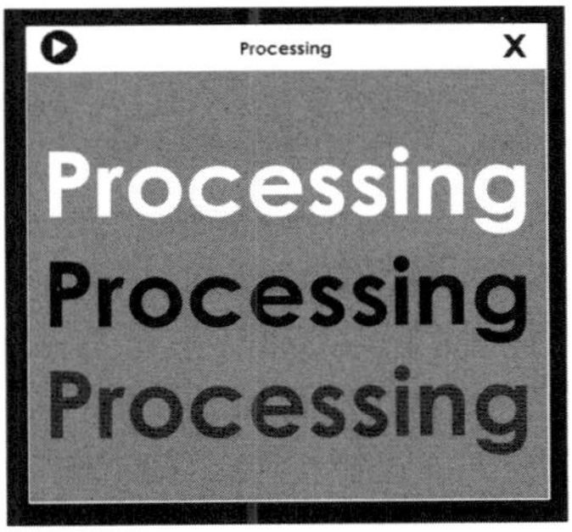

```
// Imprimir na tela três vezes o texto Processing
PFont font;
font = loadFont("Arial-Bold-MT-48.vlw");
textFont(font);
fill(255); // Branco
text"Processing", 0, 50);
fill(0);     // Preto
text("Processing", 0, 100);
fill(102); // Cinza
text("Processing", 0, 150);
```

Figura 62 – Carregar fonte de texto no *Processing* e dar *display*. Fonte: Os autores.

6.5.3 *Processando funções trigonométricas*

A seguir, apresentaremos os fundamentos de trigonometria e como utilizá-los para gerar formas.

Sintaxe das funções e variáveis de trigonometria:

PI, QUARTER_PI, HALF_PI, TWO_PI, radians( ), degrees( ), sin( ), cos( ) e arc( ).

A trigonometria define as relações entre os lados e os ângulos de triângulos. As funções trigonométricas seno *sin*( ) e cosseno *cos*( ) geram números repetidos que podem ser usados para desenhar ondas, círculos, arcos e espirais. A função cosseno *cos*( ) retorna valores no mesmo intervalo e padrão que a função seno *sin*(), mas os números possuem uma diferença de π / 2 radianos (90°), como mostra o exemplo a seguir:

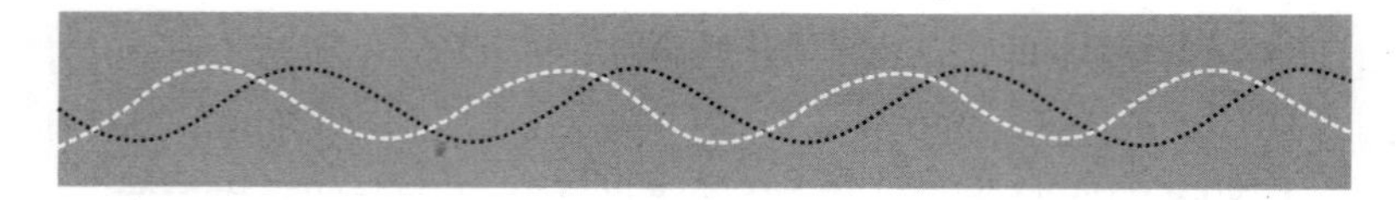

Figura 63 – Uso das funções seno e cosseno no *Processing*. Fonte: Os autores.

```
// Mostrar na tela as funções seno e cosseno
    size(700, 100);
    // Variáveis do sistema
    noStroke( );
    smooth( );
    float offset = 50.0;
    float scaleVal = 20.0;
    float angleInc = PI/18.0;
    float angle = 0.0;
    // Passo a passo que mostra a rotina seno e cosseno
    for(int x = 0; x <= width; x += 5) {
        float y = offset + (sin(angle) * scaleVal);
        fill(255);
        rect(x, y, 2, 4);
        y = offset + (cos(angle) * scaleVal);
        fill(0);
        rect(x, y, 2, 4);
        angle += angleInc.
    }
```

6.5.4 Entrada e saída de dados

As entradas e saídas de dados dos programas podem ser controladas por meio de variáveis e comandos que são introduzidos no computador pelos dispositivos e interfaces acoplados, tais como: *tablets*, *trackballs* e *joysticks*, teclado e mais naturalmente pelo *mouse*. O *mouse* foi criado nos anos 1960, quando Douglas Engelbart apresentou o dispositivo. O conceito de *mouse* foi desenvolvido no Centro de Pesquisas da Xerox em Palo Alto (Palo Alto Research Center – Parc). A interface *mouse* é usada para controlar a posição do cursor na tela e para selecionar elementos da interface. A posição do cursor é lida pelo programa a partir de dois números: a coordenada x e a coordenada y da tela. Esses números podem ser utilizados para controlar atributos da tela e coletam dados como velocidade, gestos, padrões e a direção do *mouse*. Assim, as sintaxes que permitem a entrada de dados por meio do *mouse* e que controlam a posição e os atributos das telas são:

Sintaxe das funções de controle do *mouse* e do teclado:

mouseX, mouseY, pmouseX, pmouseY, mousePressed, mouseReleased(), mouseMoved(), mouseDragged() mouseButton, cursor(), noCursor(), keyPressed(), keyReleased(), loop(), redraw().

Essas funções executam os comandos:

mouseX	O código introduz a posição x do *mouse* na tela.
mouseY	O código introduz a posição y do *mouse* na tela.
pmouseX	O código introduz a posição anterior x do *mouse* na tela.
pmouseY	O código introduz a posição anterior y do *mouse* na tela.
mousePressed( )	O código do bloco é executado uma vez quando o botão é pressionado.

mouseReleased( )	O código do bloco é executado uma vez quando o botão é liberado.
mouseMoved( )	O código do bloco é executado uma vez quando o *mouse* é movido.
mouseDragged( )	O código do bloco é executado uma vez quando o *mouse* é movido enquanto um botão do *mouse* é pressionado.
mouseButton	O código do bloco é executado uma vez quando o botão é pressionado.
cursor( )	O comando torna o *mouse* visível.
noCursor( )	O comando torna o *mouse* invisível.
keyPressed( )	O código do bloco é executado uma vez quando a tecla indicada do teclado é pressionada.
keyReleased( )	O código do bloco é executado uma vez quando a tecla indicada do teclado é liberada.

Exemplo: Uso do *mouse* para entrada de dados

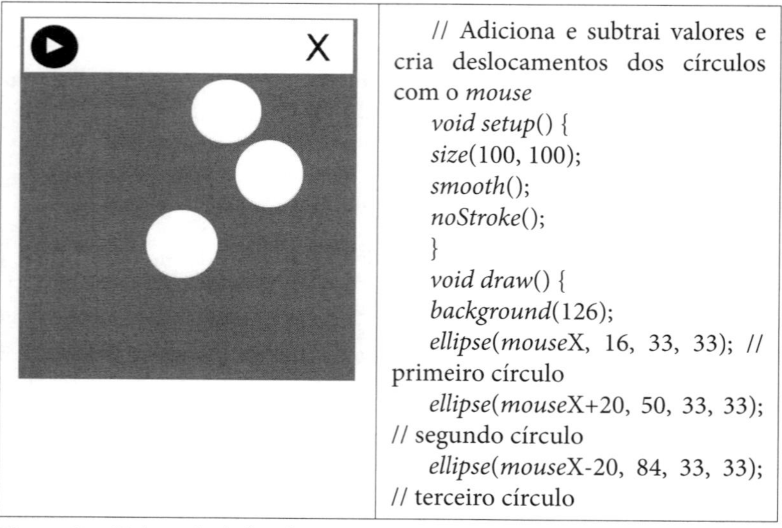

X
// Adiciona e subtrai valores e cria deslocamentos dos círculos com o mouse
void setup() {
size(100, 100);
smooth();
noStroke();
}
void draw() {
background(126);
ellipse(mouseX, 16, 33, 33); // primeiro círculo
ellipse(mouseX+20, 50, 33, 33); // segundo círculo
ellipse(mouseX-20, 84, 33, 33); // terceiro círculo

Figura 64 – Utilizando dados de entrada da posição do *mouse*. Fonte: Os autores.

Exemplo: Uso do *mouse* para entrada de dados

// Desenha linhas com diferentes valores de cinza quando o botão é pressionado ou não pressionado.

```
void setup() {
   size(100, 100);
}
void draw() {
// Se o mouse é pressionado
   if(mousePressed == true) {
stroke(255);
// Caso contrário
} else {
stroke(0);
   }
// desenha linha com valores do mouse
line(mouseX, mouseY, pmouseX, pmouseY);
}
```

Exemplo: Uso do teclado para entrada de dados

```
// Move a linha quando qualquer tecla é pressionada
int x = 20;
void setup() {
   size(100, 100);
   smooth();
   strokeWeight(4);
}
void draw() {
   background(204);
   if (keyPressed == true) {
      x++; // add 1 to x
   }
      line(x, 20, x-60, 80);
}
```

6.5.5 Processando funções de tempo

Os códigos a seguir introduzem comandos de tempo (dia, mês e ano).

Sintaxe dos comandos de tempo:

---

second(), minute(), hour(), millis(), day(), month(), year()

Exemplo: Relógio com código numérico

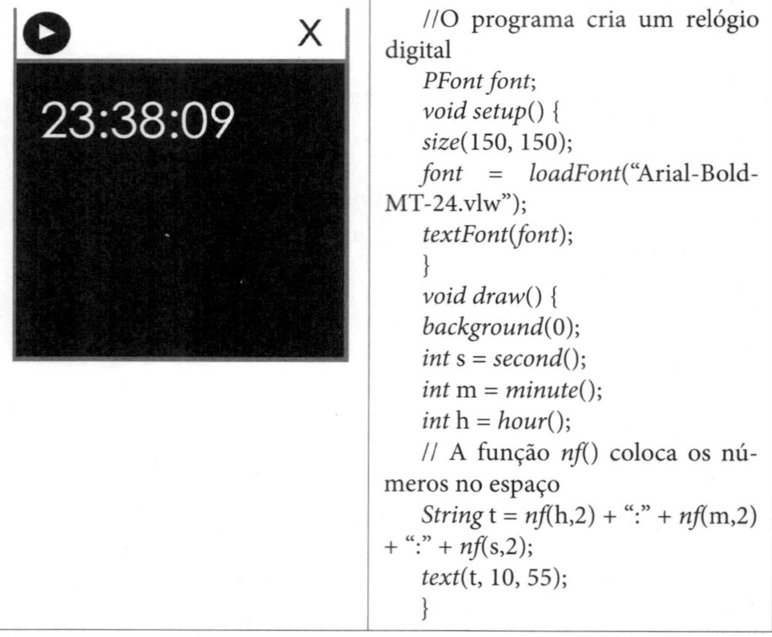


```
//O programa cria um relógio digital
PFont font;
void setup() {
size(150, 150);
font = loadFont("Arial-Bold-MT-24.vlw");
textFont(font);
}
void draw() {
background(0);
int s = second();
int m = minute();
int h = hour();
// A função nf() coloca os números no espaço
String t = nf(h,2) + ":" + nf(m,2) + ":" + nf(s,2);
text(t, 10, 55);
}
```

Figura 65 – Uso das funções *second, minute, hour* com o *Processing*. Fonte: Os autores.

Exemplo: Relógio com ponteiro de segundo, minuto e hora

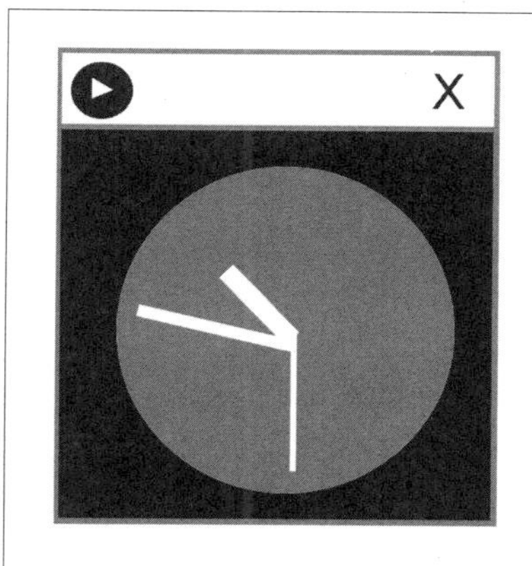


```
// Relógio com ponteiros.
void setup() {
    size(100, 100);
    stroke(255);
}
void draw() {
    background(0);
    fill(80);
    noStroke();
    // Ângulos para sin() e cos() começam as 3 horas,
    // Subtrai o HALF_PI para começar no topo
    ellipse(50, 50, 80, 80);
    float s = map(second(), 0, 60, 0, TWO_PI) - HALF_PI;
    float m = map(minute(), 0, 60, 0, TWO_PI) - HALF_PI;
    float h = map(hour() % 12, 0, 12, 0, TWO_PI) - HALF_PI;
    stroke(255);
    strokeWeight(1);
    line(50, 50, cos(s) * 38 + 50, sin(s) * 38 + 50);
    strokeWeight(2);
    line(50, 50, cos(m) * 30 + 50, sin(m) * 30 + 50);
    strokeWeight(3);
    line(50, 50, cos(h) * 25 + 50, sin(h) * 25 + 50);
}
```

Figura 66 – Uso das funções *second, minute, hour* para a criação de um relógio digital.
Fonte: Os autores.

6.6 Saiba mais

É preciso falar dos extremos e das extremidades para construir pontes e conexões. Em um cenário político e social de incertezas e rupturas que geram conflitos e turbulências de todo tipo, cartografar as margens, as fronteiras e os limites nos dá mobilidade para atravessar esses extremos e produzir um comum.

MELLO, Christine (org.). *Coleção Extremidades 1: experimentos críticos*. São Paulo, Estação das Letras, 2017.

____. *Coleção Extremidades 2: experimentos críticos*. São Paulo, Estação das Letras, 2019.

6.7 Atividades a serem desenvolvidas

Atividade 1: Foi mencionado ao longo do texto que muitos artistas, como Rubens, Ticiano, Rembrandt, David, Ingres, Goya, Duchamp e Pollock, mudaram e inovaram sua produção. Analisar algumas obras desses autores e verificar como eles introduziram essas mudanças e inovações. Quais os elementos de matemática que podem ser encontrados no trabalho desses artistas?

Atividade 2: Refazer as mandalas utilizando formas geométricas, os conceitos de rotação e translação e os comandos de repetição, como *for*. Tente refazer o programa usando os comandos *if* e *void*.

Notas

1 Parente, 2004, p. 101.
2 Capra, 1983, p. 26.
3 McLuhan, 1979, p. 390.
4 Capra, 1983, p. 74.
5 Morin, 1969, p. 15.

[6] McLuhan, 1979, p. 390.
[7] Ohlenschläger, 2009, p. 30.
[8] Hildebrand & Oliveira, 2021.
[9] Machado, 1984, p. 32.
[10] Hauser, 1972, pp. 662 e 1.120.
[11] *Idem*, p. 1.126.
[12] Paz, 1977.
[13] *Idem*, pp. 7-8.
[14] *Idem*, p. 50.
[15] *Idem*, p. 8.
[16] Hauser, 1972, p. 1.127.
[17] O'Hara, 1960, p. 35.
[18] Janson, 1977, p. 676.
[19] Laurentiz, 1991, p. 88.
[20] Santaella, 1990a, p. 58.
[21] McLuhan, 1979, p. 26.
[22] Hauser, 1972, pp. 1.128-1.129.
[23] *Idem*, pp. 1.134-1.135.
[24] McLuhan, 1979, p. 328.
[25] *Idem*, p. 390.
[26] Morin, 1969, p. 40.
[27] Granger, 1974, p. 93.
[28] Boyer, 1974, p. 355.
[29] *Idem*, p. 409.
[30] Granger, 1974, p. 93.
[31] *Idem*, p. 96.
[32] *Idem*, p. 92.
[33] *Idem*, p. 98.
[34] *Idem*, p. 100.
[35] *Idem*, p. 94.
[36] Boyer, 1974, p. 395.
[37] Wiener, 1978, p. 12.
[38] Boyer, 1974, p. 440.
[39] Peirce, 1975b, p. 21.
[40] Boyer, 1974, p. 430.
[41] *Idem*, p. 442.
[42] Peirce, 1983.
[43] *Idem*, p. 145.
[44] Zimbarg, 1987.
[45] *Idem*, p. 1.
[46] *Idem*, p. 10.
[47] *Idem*, p. 20.
[48] Capra, 1986, p. 54.
[49] Giannetti, 2006, p. 13.
[50] Manovich, 2001.
[51] Hildebrand, 2014, p. 127.
[52] Santaella, 2004, p. 46.

[53] Peirce, 1976.
[54] Devlin, 2002.
[55] Peirce, 1976, p. 213.
[56] Hildebrand, 2001.
[57] O'Connor & Robertson, 1996, s/n.
[58] Costa, 1990, p. 16.
[59] Costa, 1997, p. 113.
[60] Rosenstiehl, 1988, pp. 228-246.

CAPÍTULO 7
O PENSAMENTO COMPUTACIONAL NO ENSINO E NA APRENDIZAGEM

A concepção sobre o pensamento computacional tem uma forte relação com a ciência da computação. No entanto, como foi discutido nos capítulos anteriores, estamos usando as tecnologias digitais e as mídias na produção de produtos como uma narrativa digital ou uma instalação artística; a maneira como pensamos e utilizamos os recursos digitais tem características do pensamento computacional. Neste capítulo, aprofundamos a conceituação sobre o pensamento computacional, analisando como a programação pode auxiliar no processo de construção de conhecimento e como o pensamento computacional pode ser trabalhado nas disciplinas do curso de Midialogia.

7.1 DIFERENTES CONCEPÇÕES SOBRE O PENSAMENTO COMPUTACIONAL

Como foi mencionado no capítulo 1, a concepção acerca do pensamento computacional não é nova. A ideia de que o uso das tecnologias digitais, especialmente da programação de computadores, pode estimular o pensamento foi proposta por Seymour Papert já em 1971, quando afirmou que a computação pode ter "um impacto profundo por concretizar e elucidar muitos conceitos anteriormente sutis em psicologia, linguística, biologia, e os fundamentos da lógica e da matemática".[1] Isso se deve ao fato de a programação poder proporcionar a uma criança a capacidade "de articular o trabalho de sua própria mente e, em particular, a interação entre ela e a realidade no decurso da aprendizagem e do pensamento".[2] Segundo Papert, a atividade de programação estimula o "pensar com" as máquinas e o "pensar sobre" o próprio pensar, ou seja, ele já estabelecia uma forte relação entre o uso de ferramentas e interfaces computacionais para estimular o desenvolvimento do que chamou de *Powerful ideas* e de *Procedural knowledge*.[3]

O termo "pensamento computacional" ou *computational thinking* passou a ocupar a agenda dos principais pesquisadores da área a partir do artigo de Jeannette M. Wing, em 2006, no qual ela propõe que pensamento computacional é uma habilidade fundamental para todos, não apenas para cientistas da computação.[4] A partir dessa publicação, houve uma grande mobilização de pesquisadores de diferentes áreas do conhecimento no sentido de procurar entender o real significado do pensamento computacional e de criar situações que pudessem auxiliar o desenvolvimento desse pensamento.

No entanto, embora o pensamento computacional tenha sido proposto em 2006, ainda não existe uma definição consensual entre pesquisadores da comunidade da ciência da computação e mesmo entre pesquisadores e organizações interessadas nesse tema.

Por exemplo, a National Academy of Sciences dos Estados Unidos da América realizou dois *workshops*, respectivamente em 2009 e 2011, sobre o âmbito e a natureza do pensamento computacional, envolvendo pesquisadores de diversas áreas. No *workshop* de 2009, não se chegou a um consenso sobre o conteúdo preciso do pensamento computacional, muito menos acerca de sua estrutura. Os participantes entenderam que o pensamento computacional, como um modo de pensamento, tem seu próprio caráter distintivo.[5] No *workshop* de 2011, também não houve um acordo explícito a respeito da definição de pensamento computacional, embora tenham sido fornecidos valiosos exemplos de como as pessoas veem a intersecção entre computação, conhecimento disciplinar e algoritmos.[6]

Duas importantes organizações relacionadas com a educação e o uso de tecnologias dos Estados Unidos, a International Society for Technology in Education (Iste) e a Computer Science Teachers Association (CSTA), também procuraram conceituar e operacionalizar o pensamento computacional de modo que este pudesse nortear as atividades realizadas na educação básica (K-12). Elas trabalharam com pesquisadores da ciência da computação e das áreas de humanas e identificaram nove conceitos que caracterizam o pensamento computacional: coleta de dados, análise de dados, representação de dados, decomposição de problema, abstração, algoritmos, automação, paralelização e simulação. Enfatizaram que as habilidades relativas a esses conceitos não estão limitadas aos sujeitos da ciência da computação ou das áreas de ciências, tecnologia, engenharia e matemática (Stem), mas podem ser praticadas e desenvolvidas no âmbito de todas as disciplinas.

O grupo Iste/CSTA definiu o pensamento computacional como um processo de resolução de problema, com as seguintes características: (a) formulação de problemas de forma que permita usar um computador e outras ferramentas para ajudar a resolvê-los; (b) organização lógica e análise de dados; (c) representação de dados mediante abstrações como modelos e simulações; (d) automação de soluções por meio do pensamento algorítmico (a série de passos ordenados); (e) identificação, análise e implementação de soluções possíveis com o objetivo de alcançar a mais eficiente e efetiva combinação de etapas e recursos; e (f) generalização e transferência desse processo de resolução de problemas para uma ampla variedade de problemas. O grupo observou também algumas habilidades que apoiam e reforçam disposições ou atitudes que são dimensões essenciais do pensamento computacional, tais como "confiança em lidar com a complexidade, persistência em trabalhar com problemas difíceis, tolerância para a ambiguidade e capacidade de lidar com problemas abertos".[7]

A tentativa de conceituar o pensamento computacional tem sido realizada por alguns autores como Zapata-Ros, que propõe 14 componentes: (a) análise ascendente; (b) análise descendente, (c) heurística; (d) pensamento divergente; (e) criatividade; (f) resolução de problema; (g) pensamento abstrato; (h) interação; (i) recursividade; (j) ensaio-erro; (k) padrões; (l) métodos colaborativos; (m) cinética; e (n) metacognição.[8] Grover e Pea sugerem nove habilidades e características: (a) abstrações e generalizações de padrões; (b) processamento sistemático de informações; (c) sistemas de símbolos e representações; (d) noções algorítmicas sobre controle de fluxo; (e) decomposição de problemas estruturados (modularização); (f) pensamento iterativo, recursivo e paralelo; (g) lógica condicional; (h) controle de eficiência e desempenho; e (i) depuração e detecção de erros sistemáticos.[9] Esses conceitos, embora não sejam os mesmos propostos pela Iste/CSTA, têm com eles uma estreita relação.

Finalmente, Kalelioğlu, Gülbahar e Kukul examinaram o objetivo, a população-alvo, a base teórica, a definição, o escopo, o tipo e o método de pesquisa empregados em artigos da literatura com o objetivo de identificar a estrutura, o objetivo e os elementos do pensamento computacional.[10] Eles analisaram 125 artigos, selecionados de acordo com critérios predefinidos de seis bancos de dados diferentes, e os resultados indicam a seguinte frequência de palavras usadas para definir o pensamento computacional: resolução de problemas (22%); abstração (13%); computador (13%); processo (9%); ciência (7%); dados (7%); efetivo (6%); algoritmo (6%); conceitos (5%); habilidade (5%); ferramentas (4%); e análise (4%).

É inquestionável que as ideias de Wing abriram inúmeras portas para a pesquisa e a implantação de estudos e ações curriculares no sentido de reavivar a programação, objetivando a criação de condições para o desenvolvimento do pensamento computacional.[11] No âmbito da pesquisa, Haseski, İlic e Tuğtekin analisaram artigos publicados antes de 2000 até 2016, e os resultados mostram que, primeiro, são poucos os artigos publicados antes de 2006 que trataram desse tema. A incidência e a diversidade de publicações aumentaram a partir de 2006 e cresceram ainda mais a partir de 2011.[12]

No entanto, as propostas de Wing têm sido criticadas. Primeiro, ela não reconhece o trabalho que foi desenvolvido nos últimos 30 anos sobre os impactos dos usos dessas tecnologias no desenvolvimento do conhecimento e do próprio pensamento, como o que foi proposto por Papert.[13] Segundo, Wing explicita o significado do pensamento computacional em estreita relação com a ciência da computação, especialmente com a maneira como o cientista da computação pensa. Isso acontece em praticamente todos os seus artigos.[14] Por exemplo, ela afirma que o pensamento computacional envolve resolver problemas, projetar sistemas e entender comportamento humano, baseando-se nos "conceitos fundamentais para a computação", e computação é entendida como ciência da computação, engenharia da computação, comunicações, ciência da informação e tecnologia da informação.[15] Em sua mais recente publicação, o pensamento computacional é definido como "o processo de pensamento envolvido na formulação de um problema e na expressão de sua(s) solução(ões) de tal forma que um computador – humano ou máquina – possa efetivamente executá-lo".[16] DiSessa argumenta que Wing seleciona alguns conceitos da ciência da computação para justificar o pensamento computacional, porém sem oferecer os "filtros" utilizados na seleção desses conceitos para que eles possam se tornar "conhecimento comum".[17] O autor concorda que a programação é um componente importante para o desenvolvimento do pensamento computacional, mas argumenta que a programação, da forma como está sendo massivamente trabalhada por intuições como Code.org,[18] enfatizando a produção de código, não é suficiente para capturar as ideias mais amplas sobre o que ele propõe como letramento computacional.

Finalmente, as propostas e as tentativas de entender o uso das tecnologias digitais no desenvolvimento do pensamento computacional, especialmente da programação, não explicam como a atividade de programar cria condições para o processo de aprendizagem não só de conceitos computacionais, mas também de conceitos e estratégias envolvidos na resolução de problemas. A explicação para como a programação de um dispositivo digital contribui para o processo de construção de conhecimento tem sido feita por intermédio do ciclo de ações descrição-execução-reflexão-depuração,[19] que constitui a base da espiral crescente de aprendizagem.[20]

7.2 A ESPIRAL DE APRENDIZAGEM E A PROGRAMAÇÃO

A resolução de um problema por meio de um dispositivo digital envolve a explicitação de uma série de ações de modo que esse dispositivo possa realizar o que está sendo solicitado, quer seja a visualização de um filme na TV digital, ou o envio de uma mensagem via *smartphone*. Essa sequência de ações não necessariamente significa a programação tradicional no sentido de gerar uma sequência de códigos, mas implica "programar" esse dispositivo usando os recursos de comunicação disponíveis, como, por exemplo, uma série de botões que devem ser acionados em determinada ordem.

Assim, a atividade de programar um dispositivo digital inicia-se com uma ideia de como resolver o problema. Essa ideia é passada para o dispositivo ou computador na forma de uma sequência de cliques em determinada ordem ou de comandos de uma linguagem de programação, como o *Processing*. Essa ação implica a *descrição* da solução do problema usando a sequência de cliques ou comandos do *Processing*. O dispositivo ou computador, por sua vez, promove a *execução* desses comandos, produzindo um resultado. O aprendiz, baseado no resultado alcançado, pode realizar a ação de *reflexão* sobre o que ele obteve e o que intencionava, acarretando diversos níveis de abstração: abstração empírica, abstração pseudoempírica e abstração reflexionante.[21] Essa reflexão pode acarretar uma das seguintes ações alternativas: ou o aluno não modifica o programa porque suas ideias iniciais sobre a resolução daquele problema correspondem aos resultados apresentados e, portanto, o problema está resolvido; ou depura o programa quando o resultado é diferente de sua intenção original. A *depuração* pode ser acerca de alguma convenção da linguagem de programação, a respeito de um conceito envolvido no problema em questão ou, ainda, concernente a estratégias sobre como usar o conceito ou como explorar os recursos tecnológicos. A depuração implica uma nova descrição e, assim, sucessivamente, ou seja, descrição-execução-reflexão-depuração-nova descrição.

Entretanto, esse ciclo não acontece simplesmente colocando o aprendiz diante de uma tecnologia digital. Para que a atividade de programação tenha um cunho educacional, a interação aprendiz--dispositivo/computador precisa ser mediada por um profissional que entende a programação tanto do ponto de vista computacional quanto do pedagógico e do psicológico. Esse é o papel do agente de aprendizagem. Além disso, o aprendiz, como um ser social, está inserido em um ambiente social constituído, localmente, por seus colegas e, globalmente, por seus pais, seus amigos e mesmo por sua comunidade. Ele pode usar todos esses elementos sociais como fonte de ideias, de conhecimento ou de problemas a serem resolvidos pelo uso do computador. A Figura 67 ilustra a sequência de ações no caso da programação de um computador.

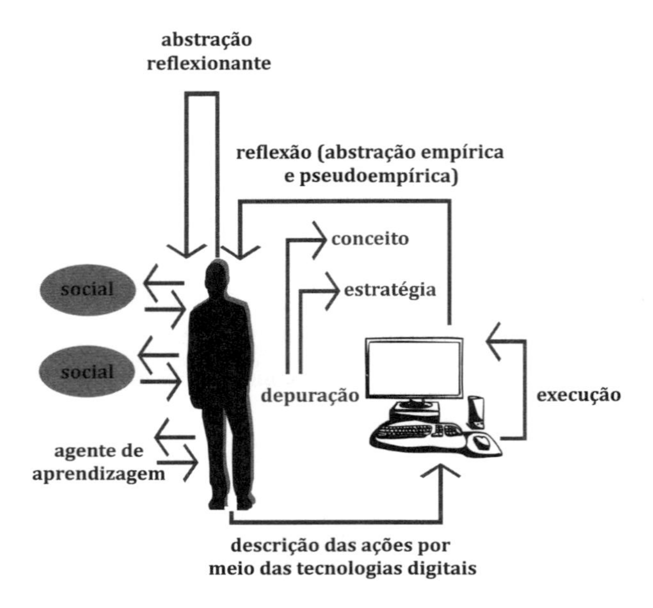

Figura 67 – Ciclo de ações que se estabelecem na interação aprendiz-computador na situação de programação. Fonte: Os autores.

Certamente, quando foram propostas em 2005, essas ideias não foram caracterizadas como relacionadas ao "pensamento computacional", porém elas têm sido úteis para explicitar as atividades que o aprendiz realiza na interação com as tecnologias digitais e ajudam a entender como a interação com as tecnologias digitais contribui para o desenvolvimento do pensamento computacional.

Primeiro, o ciclo tem sido necessário para explicar o processo de construção de conhecimento que acontece na interação com as tecnologias digitais. As ações podem ser cíclicas e repetitivas, mas, a cada realização de um ciclo, as construções são sempre crescentes. Mesmo errando e não atingindo um resultado de sucesso, o aprendiz está obtendo informações úteis na construção de seu conhecimento. Na verdade, terminado um ciclo, o pensamento do aprendiz nunca é exatamente igual ao que se encontrava no início da realização desse ciclo. Assim, a ideia mais adequada para explicar o processo mental dessa aprendizagem é a de uma espiral, ou seja, uma espiral crescente de aprendizagem.[22] No entanto, é importante enfatizar que essa construção está acontecendo com relação aos conceitos envolvidos na resolução do problema, bem como à exploração dos recursos tecnológicos, ou seja, aos conceitos relacionados à programação, contribuindo para o desenvolvimento do pensamento computacional.

Segundo, se o ciclo de ações contribui para o processo de construção de conhecimento, cada uma das ações tem componentes relevantes para a construção do pensamento computacional. Esse não é o objeto deste capítulo, mas seria importante entender como cada uma dessas ações ajuda no desenvolvimento do pensamento computacional.

Finalmente, as ações identificadas no caso da programação usando uma linguagem como o *Processing* extrapolam as atividades de programação e têm sido úteis para entender o que acontece com o uso de outros *softwares*, como, por exemplo, o processador de texto, a planilha, o *software* de autoria, os *softwares* educacionais e as atividades de educação a distância usando plataformas *on-line*.[23] Nesses casos, dependendo do *software* utilizado, a descrição pode variar. Ela pode ser uma série de comandos da linguagem de programação; um texto com comandos de formatação, no caso do processador de texto; ou mesmo um clique no *mouse*, no caso de um *software* que permite a seleção de atividades. O mesmo ocorre com a execução, que pode ser do conjunto de comandos da linguagem de programação, produzindo um resultado bem específico; ou a execução da formatação do texto (e nunca do conteúdo do texto em si), no caso dos processadores de texto. As reflexões e as depurações também devem variar de acordo com os resultados produzidos pelo computador, podendo ser mais profundas, provocando mudanças conceituais, ou pequenas alterações na atividade realizada.

Essa análise das ações e de suas implicações em diferentes tipos de *softwares* permite entender que atividades baseadas no uso de dispositivos digitais, em geral, envolvem a seleção de um conjunto de comandos ou de cliques que têm características de programação. Essas atividades, de algum modo, podem contribuir para o desenvolvimento do pensamento computacional. No entanto, o tipo de programação que estamos identificando também acontece em outras atividades que são bastante peculiares nas disciplinas ministradas no curso de Midialogia.

7.3 Como o pensamento computacional pode ser trabalhado na Midialogia

O relatório do *workshop* produzido pelo National Research Council em 2011 descreve diversos contextos nos quais o pensamento computacional pode ser trabalhado, como nos *games* e na gamificação, no jornalismo e nas áreas de ciências, engenharia etc.[24] Outros trabalhos indicam uma série de atividades que podem ser realizadas, como: programação, robótica, produção de narrativas digitais, criação de *games* e uso de simulações para a investigação de fenômenos.[25]

7.3.1 Programação

A programação por meio de uma linguagem como *Processing* tem relação mais estreita com o desenvolvimento do pensamento computacional. Essa é a razão da escolha desse tipo de atividade como parte da disciplina "Introdução ao pensamento computacional". No entanto, a linguagem mais utilizada nas atividades relacionadas com o pensamento computacional é o *Scratch*, desenvolvido no Massachusetts Institute of Technology por Mitchel Resnick.[26]

O *Scratch* tem como base a linguagem Logo, porém a programação consiste na manipulação de blocos visuais, projetados para facilitar o uso de diferentes mídias por programadores novatos. As atividades de programação *Scratch* enfatizam a exploração da mídia, o que tem uma forte ressonância nos interesses de crianças e jovens, como a criação de histórias animadas, de jogos e de apresentações interativas. Com base no estudo de atividades encontradas na comunidade *Scratch on-line* e nas oficinas *Scratch*, os pesquisadores Brennan e Resnick identificaram três dimensões que, segundo esses autores, estão envolvidas no pensamento computacional: (a) conceitos computacionais (conceitos empregados na definição de programas, como interação, paralelismo, condicionais); (b) práticas computacionais (práticas de como desenvolver programas, como ser incremental ou interativo, depurar, reusar); e (c) perspectivas computacionais (perspectivas que o programador desenvolve sobre o mundo à sua volta e sobre si mesmo, como capacidade de expressão, de conexão).[27]

Por outro lado, a programação também está presente em outras atividades, como robótica pedagógica, produção de narrativas digitais, criação de jogos e criação de instalações interativas digitais.

7.3.2 Robótica pedagógica

A robótica pedagógica consiste na

> [...] utilização de aspectos/abordagens da robótica industrial em um contexto no qual as atividades de construção, automação e controle de dispositivos robóticos propiciam aplicação concreta de conceitos, em um ambiente de ensino e de aprendizagem.[28]

O dispositivo robótico pode ser construído usando uma placa Arduino, por exemplo, e elementos eletromecânicos, como motores e sensores. Nesse caso, o robô é programado fornecendo-lhe diretamente uma série de instruções, de modo que, executando essas instruções sequencialmente, ele realiza determinada tarefa.

Outra situação é o robô ser conectado a um computador por intermédio de uma interface que pode ser construída também com uma placa Arduino. Nesse caso, o programa fica armazenado e é executado no computador, controlando os elementos eletromecânicos via interface, o que faz com que o robô tenha determinado comportamento de acordo com a programação definida. Por exemplo, usando motores e sensores de toque, o robô pode ser programado para, caso encontre um obstáculo, ser capaz de contorná-lo e seguir seu percurso.

Assim, de modo geral, as atividades de robótica pedagógica podem ser vistas como programação, com a vantagem de trabalhar com objetos concretos, como máquinas que se movem – elevadores, máquinas de lavar roupa etc. –, cujo comportamento é produzido pela combinação de conceitos abstratos de diferentes áreas do conhecimento, como ciências, matemáticas, e conhecimentos de engenharia, como automação e controle de mecanismos eletromecânicos. Todas essas atividades envolvem etapas – concepção, implementação, construção, automação e controle do mecanismo –, cujas características são muito semelhantes ao que foi identificado com relação ao pensamento computacional.

7.3.3 Produção de narrativas digitais

As narrativas digitais consistem no uso das tecnologias digitais e das mídias na produção de narrativas que tradicionalmente são orais ou impressas. Na literatura, são conhecidas como histórias digitais, relatos digitais, narrativas interativas, narrativas multimídia, narrativas multimidiáticas, ou *digital storytelling*. Elas acrescentam novas possibilidades, uma vez que o digital permite a criação de diferentes letramentos. Além da escrita, podem ser usados imagens, animação, vídeos e sons.

As narrativas digitais ampliam o escopo de recursos usados nas narrativas tradicionais e passam a ser utilizadas em áreas distintas do conhecimento e em diferentes níveis, desde o ensino básico até os cursos de pós-graduação.[29]

O aspecto digital contribui para que as narrativas digitais tenham as mesmas propriedades de um programa computacional. Elas podem ser desenvolvidas através de linguagens de programação como *Processing* ou *Scratch*. Por outro lado, as narrativas digitais podem ser elaboradas por *softwares* como *Movie Maker*, para produção de vídeo; *softwares* para produção de *blogs*; ou *softwares* para apresentações, como o *Prezi* ou até mesmo os mais convencionais como o *PowerPoint*.

Outro aspecto fundamental das narrativas digitais é a possibilidade de variações que elas oferecem, como narrativas construídas basicamente com imagens, ou narrativas sonoras (rádio na escola) ou a combinação de diferentes recursos computacionais, como vídeo, texto e *Prezi* ou *PowerPoint*, e de atividades presenciais e computacionais (teatro tradicional combinado com tecnologia).

Assim, a elaboração de uma narrativa digital envolve as mesmas ações identificadas na programação, ou seja, descrição, execução, reflexão e depuração, possibilitando a realização da espiral de aprendizagem. Além disso, pelo fato de representarem os conhecimentos que o aprendiz usa em sua narrativa, elas constituem uma "janela" em sua mente, permitindo que esses conhecimentos sejam explicitados, identificados e, se necessário, depurados.[30]

7.3.4 Criação de games

Os jogos digitais ou os *games* são sistemas constituídos basicamente de quatro elementos: (a) a estética, entendida como o desenho dos personagens, o uso de som, música, cores; (b) a narrativa, a história por detrás do *game*; (c) a mecânica, como as regras funcionam, o que é válido ou o que pode ser feito ou não como parte da trama; e (d) a tecnologia, os *softwares* usados, bem como os dispositivos que executam o *game*.[31] Portanto, estão envolvidos diversos conhecimentos de diversas áreas, como artes, comunicação, programação e, dependendo da narrativa, conhecimentos de matemática, ciência etc. Como afirma Burn, os jogos digitais podem ser vistos como textos multimodais, capazes de estabelecer pontes entre os diversos conhecimentos presentes no currículo, além de combinar processos criativos e artísticos.[32]

Em contrapartida, toda essa engenharia pode ser explorada do ponto de vista educacional, colocando os alunos na posição de desenvolvedores de *games*. A criação de jogos pode ser vista como uma atividade rica para a aprendizagem, com o potencial de integrar diferentes áreas do conhecimento, normalmente desintegradas na organização do currículo tradicional.

Essa tem sido a estratégia escolhida por um dos grupos de pesquisa do London Knowledge Laboratory, que desenvolve o *software Mission Maker* para estudantes criarem jogos digitais.[33] Através desse *software*, o aluno pode escolher objetos para montar cenários (como salas, portas, objetos manipuláveis, personagens, que podem ser escolhidos pelos usuários) e ativar objetos por meio de regras lógicas produzidas com o uso de uma programação rudimentar baseada em objetos e regras na forma condicional "se condição, ação".

Nesse contexto de produção de jogos digitais, as atividades realizadas pelos aprendizes utilizam as concepções de programação, aliadas a uma série de outros conhecimentos. Certamente, a criação de jogos digitais tem todas as características para a exploração de conceitos do pensamento computacional. Assim, os pesquisadores envolvidos nesse projeto efetuaram os primeiros estudos em duas escolas, verificando, por exemplo, a possibilidade de alunos do 5º ano de uma delas usarem esse *software* e o que conseguiam produzir. Os resultados se mostraram bastante promissores.[34]

7.3.5 Criação de instalações interativas digitais

Uma instalação artística interativa controlada por dispositivos digitais tem as mesmas características dos robôs. É um sistema artístico que, além dos elementos estéticos, usa elementos eletromecânicos, como motores e sensores que são controlados por computadores ou por placas como a Arduino.

Segundo Sogabe, a "instalação interativa é um sistema vivo onde o público dialoga fisicamente com um evento que está acontecendo no ambiente, e que se modifica de acordo com as interações do público".[35] A interação exige a participação do espectador ou de elementos do ambiente que fornecem ao sistema digital informações que são processadas e devolvidas, fazendo com que a instalação responda a movimentos, sons, calor, vento ou outros tipos de estímulos. Essas instalações criam ambientes midiáticos artificiais que podem ser implantados em espaços internos (galerias, museus, espaços culturais) ou externos (praças, ruas etc.).

Para que a instalação seja interativa, seus dispositivos digitais devem ser programados, e essa programação pode ser feita diretamente nas placas microcontroladoras que façam parte da instalação, ou em computadores que, por meio de uma interface, controlem os elementos eletromecânicos, como acontece nos robôs. Por outro lado, o aspecto estético é também fundamental. Os autores têm utilizado diferentes meios e técnicas para obter a participação das pessoas, como o uso de vídeos, *laser*, projetores; interação via telecomunicação, jogos e internet; e diferentes contextos sociais e políticos.

Como observam Hildebrand e Oliveira, a obra de arte digital não é mais um objeto acabado; ela deve ser considerada um "sistema como obra de arte". Trata-se de uma obra/projeto/trabalho que está sempre em processo e depende do público para poder acontecer. É preciso analisá-la por uma abordagem sistêmica que extrapole a noção de objeto artístico isolado e individuado, em que o conceito de "sistema como obra de arte" seja influenciado pela ciência, através de novas formulações teóricas que observem os fenômenos pelo ponto de vista sistêmico, por meio dos suportes e das interfaces tecnológicas, expondo novas possibilidades físicas, conceituais e poéticas.

> As tecnologias digitais, como equipamentos coletivos de subjetivação, trazem desafios que somente podem ser considerados a partir de abordagens transdisciplinares das relações entre homem e máquina, homem e ambiente e máquina e ambiente. Uma fabricação transdisciplinar via agenciamentos maquínicos de saberes e fazeres coletivos como produto e produtor de múltiplas subjetividades. São construções de subjetivações que fogem aos modelos identitários presos às verdades absolutas e determinações *a priori* e que transformam o sujeito em um observador imerso nos sistemas, dando fim à polaridade entre sujeito e objeto. Há uma realidade virtual e uma inteligência artificial acontecendo e definindo outros modos de subjetivação que pertencem à cultura digital.[36]

Finalizando este nosso livro, verificamos que novas formulações e narrativas se evidenciam, as Teorias das Redes e dos Grafos apresentam processos e soluções que problematizam as "extremidades sistêmicas" da matemática, das artes e, efetivamente, de tudo. Nas extremidades do conhecimento matemático e artístico realizamos formulações lógicas que crescem a cada dia por meio dos dispositivos computacionais, permitindo criações em que as redes *desconstroem*, *contaminam* e possibilitam os *compartilhamentos*.

Buscamos experimentações que se interconectem, soluções de problemas que descrevam dinamicamente um grande número de unidades cooperantes, embora individualmente livres, utilizando sistemas complexos que gerem uma infinidade de possibilidades em que o paradigma das redes tenha lugar primordial.

7.4 Saiba mais

BURD, Oscar. *Educação 4.0: reflexões, práticas e potenciais caminhos*. São Paulo, Positivo, 2019.

Educação 4.0. Disponível em <https://pt.wikipedia.org/wiki/Educa%C3%A7%C3%A3o_4.0>. Acesso em 7/12/2023.

7.5 Atividades a serem desenvolvidas

Atividade 1: Identificar as ações do ciclo nas atividades de programação realizadas e entender como cada uma das ações do ciclo contribui para o desenvolvimento do pensamento computacional.

Atividade 2: Somente programação contribui para o desenvolvimento do pensamento computacional ou outras atividades também? Construir argumentos que justificam sua posição.

Notas

[1] Papert, 1971, p. 2.
[2] *Idem*, p. 3.
[3] Papert, 1985.
[4] Wing, 2006.
[5] USA National Research Council, 2010, p. 65.
[6] USA National Research Council, 2011, p. 5.
[7] Iste/CSTA, 2011, p. 7.
[8] Zapata-Ros, 2015.
[9] Grover & Pea, 2013.
[10] Kalelioğlu; Gülbahar & Kukul, 2016.
[11] Wing, 2006.
[12] Haseski; İlic & Tuğtekin, 2018.
[13] DiSessa, 2018.
[14] Wing, 2006; 2008; 2011; 2014.
[15] Wing, 2008, p. 3.717.
[16] Wing, 2014, s.p.
[17] DiSessa, 2018, p. 26.
[18] Code.org, 2018.
[19] Valente, 1993; 1999.
[20] Valente, 2005.
[21] Piaget, 1995; Mantoan, 1994.
[22] Valente, 2005.
[23] *Idem*.
[24] USA National Research Council, 2011.
[25] Lee *et al.*, 2011; Lee; Martin & Apone, 2014.
[26] Scratch, 2020.
[27] Brennan & Resnick, 2012.
[28] D'Abreu, 2012, s.p.
[29] Almeida & Valente, 2012.

[30] *Idem.*
[31] Salen & Zimmerman, 2003.
[32] Burn, 2007.
[33] De Paula; Valente & Burn, 2014.
[34] *Idem.*
[35] Sogabe, 2011, p. 62.
[36] Hildebrand & Oliveira, 2010, p. 21.

Referências

ALMEIDA, Maria Elizabeth B. & VALENTE, José A. "Integração, currículo, tecnologias e a produção de narrativas digitais". *Currículo sem Fronteiras*, vol. 12, n. 3, 2012, pp. 57-82. Disponível em <http://www.curriculosemfronteiras.org/vol12iss3articles/almeida-valente.pdf>. Acesso em 26/6/2015.

AMADO, Pedro. *Introdução à programação gráfica: usando Processing*. Porto, Porto Editora, 2006.

BACHA, Maria de Lourdes. *A teoria da investigação de C. S. Peirce*. Dissertação de mestrado. São Paulo, PPG de Comunicação e Semiótica-PUC-SP, 2001.

BARTHES, Roland. *A câmara clara*. Rio de Janeiro, Nova Fronteira, 1984.

BEAINI, Thais Curi. *Heidegger: arte como cultivo do inaparente*. São Paulo, Edusp, 1986.

BENJAMIN, Walter. *Obras escolhidas: magia e técnica, arte e política*. Trad. Sérgio Paulo Rouanet. São Paulo, Brasiliense, 1985.

BENSE, Max. *A pequena estética*. São Paulo, Perspectiva, 1971.

BOYER, Carl B. *História da matemática*. Trad. Elza F. Gomide. São Paulo, Edgard Blucher, 1974.

BRENNAN, Karen & RESNICK, Mitchel. "New frameworks for studying and assessing the development of computational thinking". *AERA 2012*. Vancouver, 2012. Disponível em <https://www.researchgate.net/publication/265797241_New_frameworks_for_studying_and_assessing_the_development_of_computational_thinking>. Acesso em 7/12/2023.

BRINKER, Helmut. *O zen na arte da pintura*. São Paulo, Pensamento, 1987.

BURN, Andrew. "The Case of Rebellion: Researching Multimodal Texts". *In*: COIRO, Julie *et al. Handbook of Research on New Literacies*. New York, Laurence Erlbaum, 2007.

CAMPOS, Haroldo de. *Deus e o diabo no Fausto de Goethe*. São Paulo, Perspectiva, 1981.

CAPRA, Fritjof. *O ponto de mutação*. São Paulo, Cultrix, 1983.

____. *O tao da física*. São Paulo, Cultrix, 1986.

CIVITA, Victor (ed.). *Gênios da pintura*. São Paulo, Abril Cultural, 1968.

CODE.ORG. *Página da organização Code.org*., 2018. Disponível em <https://code.org/>. Acesso em 31/7/2018.

COOPER, Jean Campbell. *Yin e Yang: a harmonia taoísta dos opostos*. São Paulo, Martins Fontes, 1989.

COSTA, Newton da. *Lógica indutiva e probabilidade*. São Paulo, Hucitec, 1990.

____. *O conhecimento científico*. São Paulo, Discurso Editorial, 1997.

COUCHOT, Edmond. "La synthèse numérique de l'image vers un nouvel ordre visuel". *Traverses*, vol. 26, Oct. 1982.

D'ABREU, João Vilhete Viegas. "Como usar a robótica pedagógica aplicada ao currículo". *Congresso InovaEduca 3.0*, 2012.

D'AMBROSIO, Ubiratan. *Etnomatemática*. São Paulo, Ática, 1990.

____. *Educação matemática*. Campinas, Papirus, 2000.

DAVIS, Philip J. & HERSH, Reuben. *A experiência matemática*. Trad. João B. Pitombeira. Rio de Janeiro, Francisco Alves, 1985.

DE PAULA, Bruno H.; VALENTE, José A. & BURN, Andrew. "O uso de jogos digitais para o desenvolvimento do currículo para a educação computacional na Inglaterra". *Currículo sem Fronteiras*, vol. 14, n. 3, set./dez. 2014, pp. 46-71.

DELEUZE, Gilles. *Para ler Kant*. Rio de Janeiro, Francisco Alves, 1976.

DESCARTES, René. *Os pensadores: vida e obra*. São Paulo, Abril Cultural, 1983.

DEVLIN, Keith. *Matemática, a ciência dos padrões*. Porto, Porto Editora, 2002.

DIAS, Álvaro Machado. "O papel da tecnologia na arte contemporânea", 2019. Disponível em <https://alvaromachadodias.com.br/Artigos/o-papel-da-tecnologia-na-arte-contemporanea/>. Acesso em 7/12/2023.

DISESSA, Andrea A. "Computational Literacy and 'The Big Picture' Concerning Computers". *Mathematics Education, Mathematical Thinking and Learning*, vol. 20, n. 1, 2018, pp. 3-31.

DOCZI, György. *O poder dos limites: harmonia e proporções na natureza, arte e arquitetura*. Trad. Maria Helena de Oliveira Tricca e Júlia Bárány Bartolomei. São Paulo, Mercuryo, 1990.

ECO, Umberto. *A estrutura ausente: introdução à pesquisa semiológica*. São Paulo, Perspectiva, 1976.

____. *O pêndulo de Foucault*. São Paulo, Perspectiva, 1990.

EDGERTON, Samuel Y. *The heritage of Giotto's Geometry: art and science on the eve of the scientific revolution*. New York, Ithaca, 1991.

ENCICLOPÉDIA DOS MUSEUS. Galeria Nacional de Londres. Milano, Arnoldo Mondadori Editore, 1969.

EUCLIDES. *Os elementos*. Trad. e introdução Irineu Bicudo. São Paulo, Editora Unesp, 2009.

FLORIDA, Davie. *Collection Hanson. VG Bild-Kunst*. Bonn, Cortesia do Institut für Kulturaustausch, 2010.

FRANCASTEL, Pierre. *A realidade figurativa: elementos estruturais de sociologia da arte*. São Paulo, Perspectiva, 1973.

FREGE, Johann G. I. *Os pensadores: vida e obra*. São Paulo, Abril Cultural, 1983.

FREUD, Sigmund. *A interpretação dos sonhos*. Rio de Janeiro, Imago, 1999 (Edição C. 100 anos).

GERDES, Paulus (org.). *Explorations in ethnomathematics and ethnoscience in Mozambique*. Maputo, Moçambique, Globo, 1994.

GERDES, Paulus & BULAFO, Gildo. *Sipatsi: tecnologia, arte e geometria em Inhambane*. Maputo, Globo, 1994.

GHYKA, Matila C. *El número de oro: ritos y ritmos pitagóricos en el desarrollo de la civilización occidental*. Buenos Aires, Poseidon, 1968.

GIANNETTI, Cláudia. "O sujeito-projeto: metaperformance e endoestética". *File Rio*. São Paulo, File, 2006.

GRANGER, Giles G. *Filosofia do estilo*. São Paulo, Perspectiva, 1974.

GROVER, S. & PEA, R. "Computational thinking in K-12: A review of the state of the field". *Educational Researcher*, vol. 42, n. 1, 2013, pp. 38-43.

GUIDON, Niède. *Peintures préhistoriques du Brésil: l'art rupestre du Piaui*. França, Hérissey-Évreux, 1991.

HALL, Edward T. *A dimensão oculta*. Rio de Janeiro, Francisco Alves, 1977.

HASESKI, Halil I.; İLIC, Ulas & TUĞTEKIN, Ufuk. "Defining a New 21st Century Skill-Computational Thinking: concepts and trends". *International Education Studies*, vol. 11, n. 4, 2018, p. 29. Disponível em <www.ccsenet.org/journal/index.php/ies/article/view/71730>. Acesso em 10/10/2018.

HAUSER, Arnold. *História social da literatura e da arte*. São Paulo, Mestre Jou, 1972.

HEGEL, Georg Wilhelm Friedrich. *Os pensadores: vida e obra*. São Paulo, Abril Cultural, 1985.

HEIDEGGER, Martin. *O que é metafísica?*. São Paulo, Livraria Duas Cidades, 1969.

HERRIGEL, Eugen. *A arte cavalheiresca do arqueiro zen*. São Paulo, Pensamento, 1975.

HILDEBRAND, Hermes Renato. *Umatemar: uma arte de raciocinar*. Dissertação de mestrado. Campinas, Unicamp, 1994.

____. *As imagens matemáticas: a semiótica dos espaços topológicos matemáticos e suas representações no contexto tecnológico*. Tese de doutorado em Semiótica. São Paulo, PUC-SP, 2001.

____. "A arte de raciocinar". *Revista Acadêmica de Pós-Graduação da Faculdade Cásper Líbero*, ano V, vol. 5, n. 9-10. São Paulo, 2002, pp. 40-55.

____. "As redes e as mídias locativas como instalações artísticas interativas". *In*: RIBEIRO, Walmeri & ROCHA, Thereza (org.). *Das artes e seus territórios sensíveis*, vol. 1. São Paulo, Intermeios, 2014, pp. 111-129.

HILDEBRAND, Hermes Renato & OLIVEIRA, Andréia Machado. "Uma concepção sistêmica da obra de arte na contemporaneidade". *Anais* do 19º Encontro da Anpap – Associação Nacional dos Pesquisadores em Artes Plásticas. Cachoeira (BA), 2010.

____. "Conexões sistêmicas nas redes: aproximações entre artes e matemática". *In*: MELLO, Christine (org.). *Extremidades: experimentos críticos 2*, vol. 1. São Paulo, Letras e Cores, 2021, pp. 1-15 (Coleção Extremidades).

HISTÓRIA DA ARTE, vol. 5. São Paulo, Salvat Editora do Brasil, 1978.

ISTE/CSTA. *Computational Thinking Teacher Resource*. 2. ed., 2011. Disponível em <https://cdn.iste.org/www-root/2020-10/ISTE_CT_Teacher_Resources_2ed.pdf>. Acesso em 7/12/2023.

JANSON, Horst Woldemar. *História da arte: panorama das artes plásticas e da arquitetura da pré-história a atualidade*. Lisboa, Fundação C. Gulbenkian, 1977.

JUNG, Carl G. & WILHELM, Richard. *O segredo da flor de ouro*. Petrópolis, Vozes, 1984.

KALELIOĞLU, Filiz; GÜLBAHAR, Yesemin & KUKUL, Volkan. "A framework for computational thinking based on a systematic research review". *Baltic Journal of Modern Computing*, vol. 4, n. 3, 2016, p. 583. Disponível em <www.researchgate.net/publication/303943002_A_Framework_for_Computational_Thinking_Based_on_a_Systematic_Research_Review>. Acesso em 8/10/2018.

KAPPRAFF, Jay. *Connections: the geometric bridge between art and science*. New York, Mc-Graw Hill, 1990.

KOESTLER, Arthur. *Jano: uma sinopse*. São Paulo, Melhoramentos, 1978.

LAURENTIZ, Paulo. *A holarquia do pensamento artístico*. Campinas, Editora da Unicamp, 1991.

LEE, Irene *et al.* "Computational thinking for youth in practice". *ACM Inroads*, vol. 2, n. 1, 2011, pp. 32-37.

LEE, Irene; MARTIN, Fred & APONE, Katie. "Integrating computational thinking across the K-8 curriculum". *ACM Inroads*, vol. 5, n. 4, 2014, pp. 64-71.

LEIBNIZ, Gottfried Wilhelm. *Os pensadores: vida e obra*. São Paulo, Abril Cultural, 1983.

MACHADO, Arlindo. *Ilusão especular*. São Paulo, Brasiliense, 1984.

MANOVICH, Lev. *The Language of New Media*. Cambridge, Mass, The MIT Press, 2001.

MANTOAN, Maria Teresa. E. "O processo de conhecimento – tipos de abstração e tomada de consciência". *Nied-Memo 27*. Campinas, Nied-Unicamp, 1994.

MARCUS, Solomon. "The cognitive self under successive shocks". *Cadernos do CECCS – Centro de Estudos em Ciências Cognitivas e Semióticas*, vol. 2. São Paulo, jun. 1997.

MARTIN, Gabriela. *Pré-história do nordeste do Brasil.* Recife, Editora Universitária, UFPE, 1997.

MATEMÁTICA DISCRETA. *Wikipedia: the free encyclopedia.* [Florida, Wikimedia Foundation, 2021.] Disponível em <https://pt.wikipedia.org/w/index.php?title=Matem%C3%A1tica_discreta&oldid=60829001>. Acesso em 1/11/2023.

MATOS, Olgária. *Desejo de evidência, desejo de vidência: Walter Benjamin.* São Paulo, Companhia das Letras, 1990.

MCLUHAN, Marshall. *Os meios de comunicação: como extensões do homem.* Trad. Décio Pignatari. São Paulo, Cultrix, 1979.

MOORE, Charles A. (org.). *Filosofia: Oriente e Ocidente.* São Paulo, Cultrix, 1978.

MORIN, Edgar. *Cultura de massas no século XX: o espírito do tempo.* Rio de Janeiro, Forense, 1969.

NEWTON, Isaac. *Os pensadores: vida e obra.* São Paulo, Abril Cultural, 1983.

NÖTH, Winfried & SANTAELLA, Lucia. *Imagem.* São Paulo, Iluminuras, 1998.

O'CONNOR, John Joseph & ROBERTSON, Edmund Frederick. *Non-Euclidean Geometry*, 1996. Disponível em <https://mathshistory.st-andrews.ac.uk/HistTopics/Non-Euclidean_geometry/>. Acesso em 7/12/2023.

O'HARA, Frank. *Jackson Pollock.* Belo Horizonte, Itatiaia, 1960.

OHLENSCHLÄGER, Karin. "Nodos y redes". *Banquete: nodos y redes.* Madrid, Seacex/Turner, 2009.

PANOFSKY, Erwin. *O significado nas artes visuais.* São Paulo, Perspectiva, 1979.

PAPERT, Seymour. "Teaching Children Thinking". *Logo Memo*, n. 2, 1971. Disponível em <https://dspace.mit.edu/handle/1721.1/5835>. Acesso em 7/12/2023.

____. *Logo: computadores e educação.* Trad. e prefácio José A. Valente. São Paulo, Brasiliense, 1985.

____. *The children's machine: rethinking school in the age of the computer.* New York, Basic Books, 1992.

PARENTE, André. "Enredando o pensamento: redes de transformação e subjetividades". *Tramas das redes: novas dimensões filosóficas, estéticas e políticas da comunicação.* Porto Alegre, Sulina, 2004.

____. "Rede e subjetividade na filosofia francesa contemporânea". *RECIIS – Revista Eletrônica de Comunicação Informação & Inovação em Saúde,* vol. 1, n. 1. Rio de Janeiro, jan./jun. 2007, pp. 101-105.

PASCAL, Blaise. *Os pensadores: vida e obra.* São Paulo, Abril Cultural, 1980.

PAZ, Octavio. *Marcel Duchamp ou o castelo da pureza.* São Paulo, Perspectiva, 1977.

PEIRCE, Charles Sanders. *The Collected Papers.* Ed. Charles Hartshorne and Paul Weiss. Cambridge, Mass., Harvard University Press, 1931--1935, vols. 1-6; Ed. Arthur W. Burks. Cambridge, Mass., Harvard University Press, 1958, vols. 7-8.

____. *Semiótica.* São Paulo, Perspectiva, 1975a.

____. *Semiótica e filosofia: como tornar claras nossas ideias.* São Paulo, Cultrix, 1975b.

____. *The new elements of Mathematics.* Ed. Carolyn Eisele. The Hague, Mouton, 1976. 4 vols.

____. *Os pensadores: vida e obra.* São Paulo, Abril Cultural, 1983.

PEITGEN, Heinz-Otto & RICHTER, Peter H. *The beauty of fractals: images of complex dynamical systems.* Berlin, Springer-Verlag Berlin Heidelberg, 1986.

PESSIS, Anne-Marie. *Art rupestre préhistorique: premiers registres de la mise en scene.* Tese de doutorado. Paris, Universidade de Paris, 1987.

PIAGET, Jean. *Abstração reflexionante: relações lógico-aritméticas e ordem das relações espaciais.* Porto Alegre, ArtMed, 1995.

PIRSIG, Robert M. *Zen e a arte da manutenção de motocicletas.* São Paulo, Paz e Terra, 1990.

PLAZA, Julio. *A imagem digital.* Tese de livre-docência. São Paulo, ECA--USP, 1991.

PÓLYA, George. *A arte de resolver problemas: um novo aspecto do método matemático.* Rio de Janeiro, Interciência, 1995.

PROCESSING. *Plataforma Processing.* Disponível em <https://www.processing.org>. Acesso em 25/1/2019.

REAS, Casey & FRY, Ben. *Processing: a programming handbook for visual designers and artists*. London, MIT Press, 2001.

RIVLIN, Robert. *The algorithmic image: graphic visions of the computer age*. Washington, Microsoft Press, 1986.

ROSENSTIEHL, Pierre. "Labirinto". *Enciclopédia Einaudi: lógica--combinatória*, vol. 13. Lisboa, Imprensa Nacional/Casa da Moeda, 1988.

ROTMAN, Brian. *Signifying nothing: the semiotics of zero*. London, Macmillan, 1987.

____. "Toward a semiotics of Mathematics". *Semiotica*, vol. 72, n. 1/2, 1988, pp. 1-35.

RUSSELL, John. *The meanings of modern art*. London, Thames and Hudson, 1981.

SALEN, Katie & ZIMMERMAN, Eric. *Rules of Play: Game design fundamentals*. London, MIT Press, 2003.

SANTAELLA, Lucia. *Arte & cultura: equívocos do elitismo*. São Paulo, Cortez, 1990a.

____. "Outr(a)idade do mundo – Linguagens". *Revista da Regional Sul da Associação Brasileira de Semiótica*, n. 3. Porto Alegre, ago. 1990b.

____. *A percepção: uma teoria semiótica*. São Paulo, Experimento, 1993.

____. "Sujeito, subjetividade e identidade no ciberespaço". *In*: LEÃO, Lúcia. *Derivas: cartografias do ciberespaço*. São Paulo, Annablume, 2004.

____. *Por que as comunicações e as artes estão convergindo?*. São Paulo, Paulus, 2005.

SCRATCH. *Site* do Scratch, 2020. Disponível em <https://scratch.mit.edu>. Acesso em 22/11/2020.

SOGABE, Milton T. *Além do olhar*. Tese de doutorado em Comunicação e Semiótica. São Paulo, PUC-SP, 1996.

____. "Instalações interativas". *Anais* do 14º Encontro da Associação Nacional de Pesquisadores em Artes Plásticas. Goiânia, UFG, 2005.

____. "Corpo do observador nas artes visuais". *Anais* do 16º Encontro da Anpap. Florianópolis, Udesc, 2007.

____. "O espaço das instalações de arte". *Anais* do 17º Encontro da Anpap. Florianópolis, Udesc, 2008.

SOGABE, Milton T. "Instalações interativas mediadas pela tecnologia digital: análise e produção". *Revista ARS*, vol. 9, n. 18. São Paulo, 2011, pp. 61-73.

SROUR, Robert Henry. *Modos de produção: elementos da problemática.* Rio de Janeiro, Graal, 1978.

STAHEL, Monica. *O livro da arte.* São Paulo, Martins Fontes, 1996.

UK DEPARTMENT FOR EDUCATION. *The national curriculum in England: framework document.* London, DfE, 2013. Disponível em <https://assets.publishing.service.gov.uk/media/5a7db9e9e5274a5eaea65f58/Master_final_national_curriculum_28_Nov.pdf>. Acesso em 7/12/2023.

USA NATIONAL RESEARCH COUNCIL. *Report of a Workshop on the Scope and Nature of Computational Thinking 2010.* Washington, D.C., The National Academies Press, 2010. Disponível em <https://nap.nationalacademies.org/catalog/12840/report-of-a-workshop-on-the-scope-and-nature-of-computational-thinking>. Acesso em 7/12/2023.

____. *Report of a Workshop of Pedagogical Aspects of Computational Thinking 2011.* Washington, D.C., The National Academies Press, 2011. Disponível em <https://www.nap.edu/catalog/13170/report-of-a-workshop-on-the-pedagogical-aspects-of-computational-thinking>. Acesso em 29/7/2018.

VALENTE, José A. *Computadores e conhecimento – repensando a educação.* Campinas, Nied-Unicamp, 1993. Disponível em <https://www.nied.unicamp.br/biblioteca/computadores-e-conhecimento-repensando-educacao/>. Acesso em 15/10/2018.

____. *A espiral da espiral de aprendizagem: o processo de compreensão do papel das tecnologias de informação e comunicação na educação.* Tese de livre-docência. Campinas, Departamento de Multimeios, Mídia e Comunicação/IA-Unicamp, 2005. Disponível em <http://repositorio.unicamp.br/Busca/Download?codigoArquivo=483519>. Acesso em 7/12/2023.

____. "Integração do pensamento computacional no currículo da educação básica: diferentes estratégias usadas e questões de formação de professores e avaliação do aluno". *Revista e-Curriculum*, vol. 14, n. 3, jul./set. 2016, pp. 864-897. Disponível em <https://revistas.pucsp.br/index.php/curriculum/article/view/29051>. Acesso em 7/12/2023.

VALENTE, José A. (org.). *Computadores na sociedade do conhecimento.* Campinas, Nied-Unicamp, 1999. Disponível em <https://www.nied.unicamp.br/biblioteca/o-computador-na-sociedade-do-conhecimento/>. Acesso em 7/12/2023.

WIENER, Norbert. *Cibernética e sociedade.* São Paulo, Cultrix, 1978.

WILHELM, Richard. *Tao-Te King: o livro do sentido e da vida.* São Paulo, Pensamento, 1991.

WING, Jeannette M. "Computational thinking". *Communications of the ACM*, vol. 49, n. 3, 2006, p. 33-35. Disponível em <https://dl.acm.org/doi/10.1145/1118178.1118215>. Acesso em 7/12/2023.

____. "Computational thinking and thinking about computing". *Philosophical Transactions of the Royal Society A*, 366, 3717-3725, 2008. Disponível em <https://www.researchgate.net/publication/23142610_Computational_thinking_and_thinking_about_computing>. Acesso em 7/12/2023.

____. "Research Notebook: Computational thinking – What and why?". *The Link*, 2011. Disponível em <https://www.cs.cmu.edu/link/research-notebook-computational-thinking-what-and-why>. Acesso em 7/12/2023.

____. "Computational Thinking Benefits Society". *40th Anniversary Blog of Social Issues in Computing*, 2014. Disponível em <http://socialissues.cs.toronto.edu/index.html%3Fp=279.html>. Acesso em 7/12/2023.

WOLLHEIM, Richard. *As ideias de Freud.* São Paulo, Cultrix, 1971.

ZAPATA-ROS, Miguel. "Pensamiento computacional: una nueva alfabetizacion digital". *Revista de Educación a Distancia*, vol. 46, n. 4, 2015, pp. 1-47. Disponível em <https://revistas.um.es/red/article/view/240321>. Acesso em 7/12/2023.

ZIMBARG, Jacob. "Aspectos da tese de Church-Turing". *Revista Matemática Universitária*, n. 6. São Paulo, dez. 1987, pp. 1-23.

Título	Artes, matemática, pensamento computacional e as mídias
Autores	Hermes Renato Hildebrand José Armando Valente
Coordenador editorial	Ricardo Lima
Secretário gráfico	Ednilson Tristão
Preparação dos originais	Lúcia Helena Lahoz Morelli
Revisão	Laís Souza Toledo Pereira
Editoração eletrônica	Ednilson Tristão
Design de capa	Estúdio Bogari
Formato	14 x 21 cm
Papel	Avena 80 g/m² – miolo Cartão supremo 250 g/m² – capa
Tipologia	Minion Pro
Número de páginas	264

ESTA OBRA FOI IMPRESSA NA GRÁFICA CS
PARA A EDITORA DA UNICAMP EM DEZEMBRO DE 2023.